DAS SONNENSYSTEM
DIE SONNE UND DIE PLANETEN

DAS SONNENSYSTEM, DIE SONNE UND DIE PLANETEN

INDEX
- 3 **DAS SONNENSYSTEM**
- 5 Kleinkörper des Sonnensystems
- 7 SONNE
- 10 KOMETEN
- 12 METEORITEN
- 15 MERCUR
- 16 VENUS
- 18 MOND
- 21 •Reise zum Mond
- 23 DIE ERDE
- 27 MARS
- 32 ASTEROIDENGÜRTEL
- 34 •CERES
- 36 •VESTA
- 37 •PALLAS
- 38 JUPITER
- 39 •GANYMED
- 40 •KALLISTO
- 41 •IO
- 42 •EUROPA
- 44 SATURN
- 46 •TITAN
- 48 •RHEA
- 49 •IAPETUS
- 50 •ENCELADUS
- 52 •PHOEBE
- 53 URANUS
- 55 •TITANIA
- 56 •MIRANDA
- 57 •OBERON
- 57 NEPTUN
- 58 •TRITON
- 60 •NEREID
- 61 PLUTO
- 63 •CHARON
- 64 •KLEINERE SATELLITEN
- 65 ZWERGPLANETEN JENSEITS VON PLUTO
- 65 •ERIS
- 66 •SEDNA
- 67 •HAUMEA
- 68 •QUAOAR
- 68 •MAKEMAKE
- 69 •GONGGONG
- 69 •ORCUS
- 70 Danksagungen

DAS SONNENSYSTEM

Pythagoras sagte bereits, dass die Erde eine Kugel sei, basierend auf der Beobachtung des Schattens von Finsternissen; und im 3. Jahrhundert v. Chr. **Aristarchos** war ein Befürworter des heliozentrischen Modells, aber das geozentrische Modell (Planeten und Sonne kreisen um die Erde) wurde bis **Nikolaus Kopernikus** größtenteils akzeptiert.
Galilei entdeckt, dass Satelliten den Jupiter umkreisen, und wird der Ketzerei bezichtigt.
Johannes Kepler erklärt mathematisch, wie sich die Planeten um die Sonne bewegen. Später bestimmte **Isaac Newton** die Gesetze der Schwerkraft.

Das Sonnensystem entstand vor 4,6 Milliarden Jahren Kollaps einer Sternstaubwolke, die aufgrund der Schwerkraft eine protoplanetare Scheibe bildete, aus der die Planeten entstanden.
Es befindet sich im Bereich des Orion-Arms der Milchstraße, 28.000 Lichtjahre von seinem Zentrum entfernt.

DAS SONNENSYSTEM, DIE SONNE UND DIE PLANETEN

Die Urwolke, aus der die Sonne und die Planeten entstanden, hatte einen Durchmesser von mehreren Lichtjahren und hatte zuvor andere Sterne der ersten Generation gebildet, die schwerere Materialien wie Metalle lieferten.

Im Zentrum sammelte sich mehr Masse an und es drehte sich immer schneller.

In der Nähe der Sonne konnten nur Metalle in fester Form existieren, da die Gase verdampften und die **Gesteinsplaneten**: Merkur, Venus, Erde und Mars entstanden, die nicht groß sein konnten, da diese schweren Elemente am seltensten vorkamen.

Weit entfernt von der Sonne, wo die Temperaturen niedriger waren, können die leichten Elemente in einem festen Zustand vorliegen, und da sie am häufigsten vorkommen, bildeten sie die riesigen **Gasplaneten**: Jupiter, Saturn, Uranus und Neptun.

Als der thermische Druck der Schwerkraft entsprach, begann die thermonukleare Fusion von Wasserstoff, die 10 Milliarden Jahre dauern sollte.

Die Sonne ist das einzige Objekt im Sonnensystem, das aufgrund der thermonuklearen Fusion von Wasserstoff, der sich in Helium umwandelt, Licht aussendet.

Es hat einen Durchmesser von 1.400.000 km und enthält 99,8 % der Masse des Sonnensystems.

Der Sonnenwind ist ein Plasmastrom der Sonne, der das Sonnensystem in **der Oortschen Wolke** ein Lichtjahr entfernt bis an seine Grenzen durchquert Sonne.

DAS SONNENSYSTEM, DIE SONNE UND DIE PLANETEN

Planeten und Asteroiden kreisen auf elliptischen Bahnen gegen den Uhrzeigersinn um die Sonne.

- **Innere oder terrestrische Planeten**: Merkur, Venus, Erde und Mars.
- **Äußere Planeten oder Riesenplaneten:** Jupiter und Saturn(Gasriesen); Uranus und Neptun (Frostriesen) Alle Riesenplaneten haben Ringe um sich herum.

Zwergplaneten haben genug Masse, um aufgrund der Schwerkraft eine Kugelform anzunehmen, aber nicht, um alle Objekte um sie herum anzuziehen oder auszutreiben.

Kleinere Körper des Sonnensystems:

Asteroiden, Meteoriten und Kometen.
Körper, die, ohne ein Satellit zu sein, nicht genug Masse haben, um eine Kugelform (ca. 800 km Durchmesser) zu erreichen.

DAS SONNENSYSTEM, DIE SONNE UND DIE PLANETEN

Abgesehen von den transneptunischen Objekten sind **Vesta** und **Pallas** mit einem Durchmesser von knapp über 500 km die größten Kleinkörper im Sonnensystem.

-**Asteroiden** sind kleinere Körper, die sich in einem Gebiet zwischen den Umlaufbahnen von Mars und Jupiter befinden. Seine Größe variiert zwischen 50 Metern und 1000 Kilometern Durchmesser.
-**Meteoriten** sind Objekte mit einem Durchmesser von weniger als 50 Metern, aber größer als kosmische Staubpartikel. Meist handelt es sich dabei um Fragmente von Kometen oder Asteroiden.
-**Satelliten** sind Körper, die Planeten umkreisen.

Außerhalb der Umlaufbahn von Neptun liegen der **Kuipergürtel** und die **Oortsche Wolke,** wo Zwergplaneten gefunden wurden.
Der interplanetare Raum ist nicht völlig leer, es gibt Gas- und Staubpartikel aus der Verdunstung von Kometen und den Einschlägen von Meteoriten auf der Oberfläche der Planeten, die aufgrund ihrer schwachen Schwerkraft nicht das gesamte Material der Kollision festhalten können.

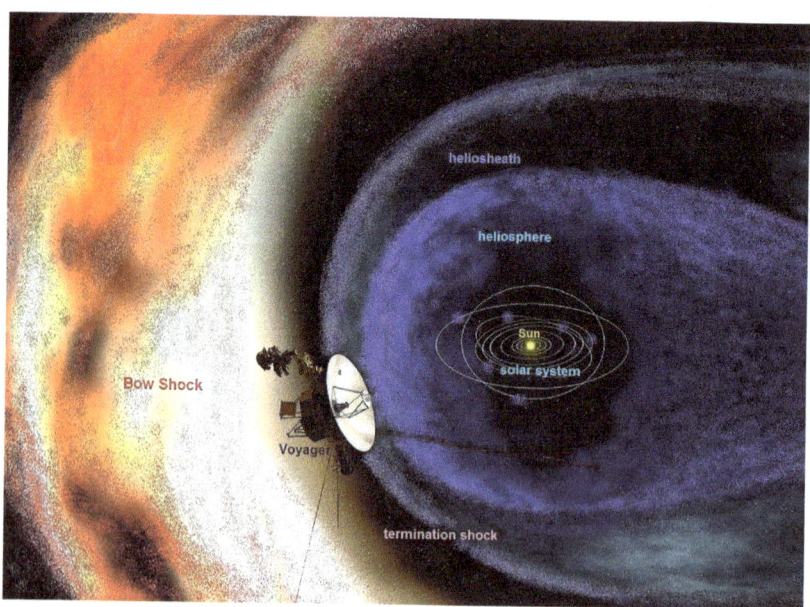

DAS SONNENSYSTEM, DIE SONNE UND DIE PLANETEN

Es gibt auch energiereiche Teilchen der Sonne (**Sonnenwind**). die den Rand des Sonnensystems (**Heliopause**) erreichen, der sich in der 100-fachen Entfernung von der Sonne zur Erde befindet.

SONNE

Die Sonne ist eine Plasmakugel, die ein gigantisches Magnetfeld erzeugt. Sie besteht zu 75 % aus Wasserstoff.
Die Entfernung der Sonne von der Erde beträgt 1 Astronomische Einheit (150 Millionen Kilometer), das 400-fache der Entfernung des Mondes und ihr Durchmesser ist 109-mal größer.
Alle 11 Jahre hat die Sonne einen Zyklus erhöhter Aktivität.
Wie bei jedem anderen Objekt im Universum wird die gesamte Materie, aus der es besteht, durch die Schwerkraft, die seine eigene Masse erzeugt, zum Zentrum angezogen.

DAS SONNENSYSTEM, DIE SONNE UND DIE PLANETEN

Die Temperatur im Zentrum der Sonne erreicht 15 Millionen Grad Celsius.

Sonnenflecken sind Bereiche, in denen die Temperatur niedriger ist als im Rest.

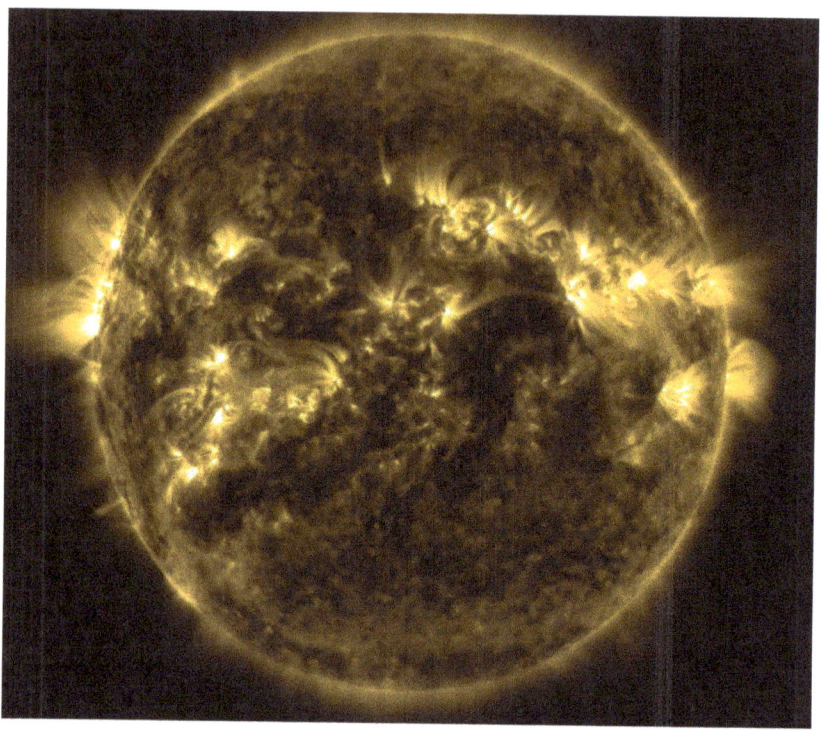

Die Temperatur und der Gravitationsdruck sind so hoch, dass die Materie im Inneren der Sterne einen Zustand erreicht, der weder gasförmig noch fest noch flüssig ist, das sogenannte Plasma, den vierten Zustand der Materie.

Die Sonne wandelt jede Sekunde zwischen 500 und 700 Millionen Tonnen Wasserstoff in Helium um und stößt dabei mehr als 4 Millionen Tonnen Energie aus.
Bei Fusionsreaktionen kommt es zu einem Masseverlust, das heißt, der verbrauchte Wasserstoff wiegt mehr als das produzierte Helium. Dieser Massenunterschied wird in Energie umgewandelt.

DAS SONNENSYSTEM, DIE SONNE UND DIE PLANETEN

Die **Sonneneinstrahlung** wird auf 1000 Watt pro m² geschätzt.

Die im Kern der Sonne erzeugte Energie braucht eine Million Jahre, um die Sonnenoberfläche zu erreichen.
Die starke Schwerkraft verhindert, dass Photonen entweichen, wodurch **Sonnenmagnetismus (Sonnenwind)** entsteht.

Der Sonnenwind treibt Gas- und Staubpartikel an den Rand des Sonnensystems. Dort bilden sich aus diesen Materialien Kometen, die in einem endlosen Kreislauf zur Sonne zurückkehren.

Wenn die Sonne innerhalb von 5 Milliarden Jahren den gesamten Wasserstoff verbraucht, wird sie zu einem Roten Riesenstern, der etwa 300-mal größer wird und beginnt, Helium zu verbrennen.
Dann wird es mehr Energie als je zuvor erzeugen, die inneren Planeten schmelzen lassen und einen großen Teil seiner Masse in Form eines Nebels ausstoßen, bis die Sonne das gesamte Helium verbrennt, vollständig abkühlt und zu einem Weißen Zwerg wird, einem der dichtesten des Universums.
Die Sonne wird nicht als Supernova explodieren, weil sie nicht genug Masse hat.
Die Kombination aus Größe und Entfernung von Sonne und Mond lässt sie scheinbar gleich groß erscheinen.

DAS SONNENSYSTEM, DIE SONNE UND DIE PLANETEN

Weißes Sonnenlicht besteht aus 7 Farben: Rot, Gelb, Blau, Grün, Indigo, Orange und Lila. Wenn ein Lichtstrahl in einem Winkel von 40 Grad durch einen Regentropfen fällt, zerfällt er in alle Farben, aus denen Weiß besteht. Das sind Millionen von Schattierungen, von denen das Auge jedoch nur einige wenige wahrnehmen kann.

KOMETEN

Dabei handelt es sich um Objekte aus Gestein, Eis und Gasen wie Kohlendioxid und Methan, die Sterne umkreisen.

Sie enthalten auch organische Verbindungen, die gleichen wie diejenigen, die das Leben auf der Erde gebildet haben. Einige Theorien besagen daher, dass das Leben durch die Kollision eines Kometen entstanden ist.

Es gibt mehr als 4.595 Kometen, die unsere Sonne umkreisen. Obwohl geschätzt wird, dass es am Rande des Sonnensystems, in dem Gebiet, das als Oortsche Wolke bezeichnet wird, mehr als eine Milliarde Menschen geben könnte.

-**Der zentrale Teil oder Kern** kann eine Länge zwischen 100 Metern und 30 Kilometern haben.

-**Seine Haare oder sein Schwanz** können eine Länge von mehr als 150 Millionen Kilometern haben, was der Entfernung von der Erde zur Sonne entspricht, und bestehen aus Gas- und Staubstrahlen.

Komet Mc Naugth

DAS SONNENSYSTEM, DIE SONNE UND DIE PLANETEN

Wenn sie sich der Sonne nähern, lädt sich die sie umgebende Wolke aus Gas- und Staubpartikeln dank des enormen Magnetfelds der Sonne (Sonnenwind) mit Elektrizität auf, wird immer größer und bildet das lange Haar des Kometen.

Die Gashaare des Kometen sind am Horizont kurz vor Sonnenaufgang oder nach Einbruch der Dunkelheit zu sehen, wenn man in Richtung der Sonne blickt.

Die ersten Daten zur Beobachtung eines Kometen stammen aus dem Jahr 230 v.

Im Jahr 44 v. Chr., am selben Tag, an dem die Feierlichkeiten zum Tod von **Julius Cäsar** begannen, erschien ein leuchtender Kommentar über dem Himmel Roms und war sieben Tage hintereinander am helllichten Tag sichtbar.

Diese Tatsache wurde als Zeichen dafür gedeutet, dass Caesars Seele zusammen mit den anderen Göttern in den Himmel aufgefahren war. Sein Neffe Octavius Augustus verbreitete diese Idee, um seine Kandidatur für die Regierung von Rom zu unterstützen, und baute sogar einen Tempel, in dem der Komet verehrt wurde.

Im Jahr 66 v. Chr. Der berühmte **Halleysche Komet** wurde zum ersten Mal gesehen, aber es war nicht bekannt, wann er zurückkehren würde. Im Jahr 1705 stellte der Astronom **Edmund Halley** fest, dass die Umlaufbahn des Kometen um die Sonne 76 Jahre dauert, und berechnete, dass er im Jahr 1758 zurückkehren würde war dein Name.

Komet Halley, Komet Hale-Bopp und Deep

DAS SONNENSYSTEM, DIE SONNE UND DIE PLANETEN

Im Jahr 1811 war ein Komet zwischen März und September sieben Monate lang mit bloßem Auge sichtbar. Es wird angenommen, dass es fast 4.000 Jahre dauert, bis er seine Umlaufbahn erreicht hat.

Die Rückkehr der meisten Kometen dauert normalerweise zwischen 20 und 200 Jahren, einige brauchen jedoch Tausende von Jahren, und andere, wie der Komet Encke, kehren alle drei Jahre zur Sonne zurück. Da er jedoch fast sein gesamtes Gas verloren hat, ist er nicht mehr sichtbar . Mit bloßem Auge.
Jedes Mal, wenn ein Komet in der Nähe der Sonne vorbeizieht, verliert er einen Teil des Gases in seinem Schweif. Nach etwa 2.000 Umlaufbahnen hat er kein Gas mehr und wird zu einem Asteroiden.
Im Jahr 1910 maß der Schweif des Halleyschen Kometen 30 Millionen Kilometer, ein Fünftel der Entfernung zwischen Erde und Sonne.
Wenn die Erde denselben Raumbereich durchquert, den bereits ein Komet durchquert hat, werden die kleinen Fragmente, die er von seinem Schweif abgebrochen hat, von der Schwerkraft der Erde angezogen und fallen in Form von Sternschnuppen herab.

METEORITEN

Was wir Sternschnuppen nennen, sind in Wirklichkeit Steine unterschiedlicher Größe, die durch die Schwerkraft angezogen werden und Meteoriten genannt werden.

Wenn das Gestein mit hoher Geschwindigkeit fällt, erreicht es durch die Reibung mit der Atmosphäre eine so hohe Temperatur, dass es für einige Sekunden am Himmel leuchtet, als wäre es ein Stern.

DAS SONNENSYSTEM, DIE SONNE UND DIE PLANETEN

Schon die Griechen **Anaxagoras** dachten, Meteoriten seien Objekte, die von der Sonne kommen und Steine verbrennen.
Chladni war zu Beginn des 19. Jahrhunderts der erste Wissenschaftler, der akzeptierte, dass sie einen außerirdischen Ursprung hatten.
Es wird angenommen, dass jedes Jahr mehr als 10.000 Meteoriten, die nicht größer als ein Fußball sind, auf die Erdoberfläche fallen.
Bevor sie auf den Boden treffen, zerfallen die meisten in Partikel, die kleiner als Sandkörner sind. Größere Meteoriten können jedoch in die Oberfläche einschlagen und riesige Einschlagskrater bilden.
Meteoriten streifen gegen die Atmosphäre und erreichen Temperaturen über 2000 Grad Celsius.
Silikathaltige Meteoriten machen fast 90 % der Gesamtmenge aus, einige stammen aus
über die Ursprünge des Sonnensystems; andere stammen von Einschlägen anderer Meteoriten auf Mars und Mond; metallische sind weniger als 10 %.
- **Metallische Meteoriten** (Eisen und Nickel) schmelzen leichter als Gesteinsmeteoriten, da sie gute Wärmeleiter sind, obwohl sie die Erdoberfläche erreichen können, ohne in Millionen Stücke zu zerbrechen.
- **Felsmeteoriten** zerfallen in immer kleinere Fragmente, bis sie vor Erreichen des Bodens vollständig zerfallen und leuchtende Spuren bilden, ähnlich einem Feuerwerk.

Nur solche, die mehrere Kilometer groß sind, können der Reibung der Atmosphäre und den hohen Temperaturen standhalten.

DAS SONNENSYSTEM, DIE SONNE UND DIE PLANETEN

- Der **Meteorit ALH 84001** stammt vom Mars und ist 4,5 Milliarden Jahre alt. Durch die Kollision eines Meteoriten mit der Marsoberfläche wurde dieser Stein vom Planeten gerissen, der die Schwerkraft des Mars überwand und auf seiner Reise durch den Weltraum die Erde erreichte Jahre zuvor.

- Der größte gefundene **Meteorit** ist **Hoba** mit einem Gewicht von 66.000 kg. Es wurde 1920 in der namibischen Wüste entdeckt und soll

Meteorit Hoba

vor mehr als 80.000 Jahren auf die Erde gefallen sein.

- Einer dieser Meteoriten fiel vor 65 Millionen Jahren auf der heutigen **Halbinsel Yucatan** in Mexiko, wobei er einen riesigen Krater bildete und eine so große Staub- und Aschewolke aufwirbelte, dass sie jahrelang die Erde bedeckte Dinosaurier starben aus.

Eisen kommt von Sternen, die viel größer sind als die Sonne, die Helium schmelzen und schwerere Metalle erzeugen können, wodurch so viel Eisen entsteht, dass die Schwerkraft die Atomkraft überwindet und der Stern in Form einer Supernova zusammenbricht und alle diese Elemente in den Kosmos ausstößt.

MERKUR

Die Sumerer beobachteten es 3000 Jahre vor Christus. Die Babylonier nannten es den Götterboten und gelangten nach Griechenland und Rom, die es mit **dem Gott Hermes/Merkur** identifizierten.

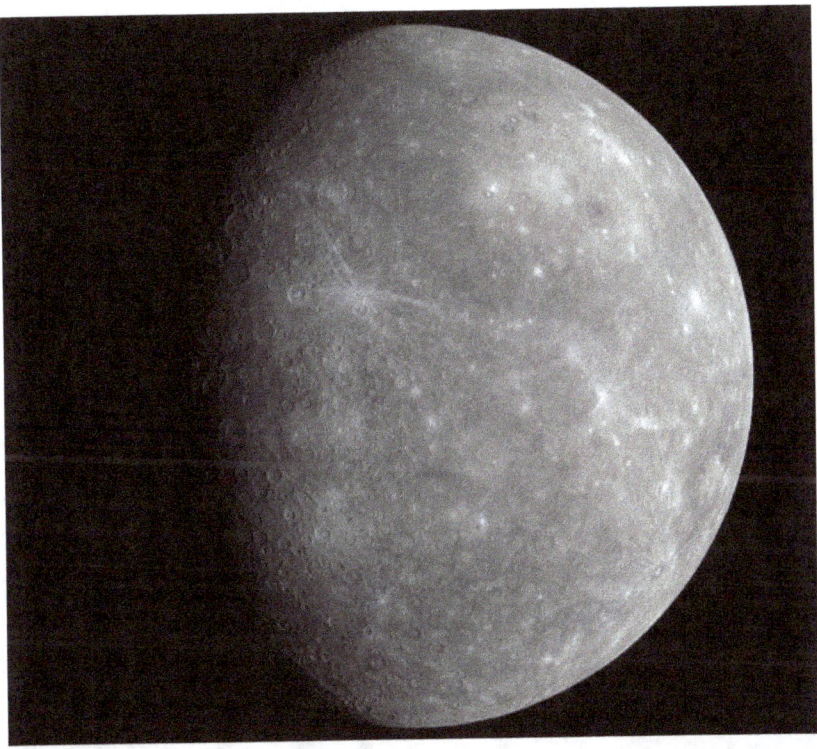

Merkur ist bei Sonnenaufgang und Sonnenuntergang nur für kurze Zeit zu sehen.
Er ist der kleinste Planet im Sonnensystem und der Sonne am nächsten.
Es besteht aus Gestein und hat weder Atmosphäre noch Satelliten.
Ein Tag auf Merkur dauert 58 Erdentage. Für einen vollständigen Umlauf um die Sonne dauert es 88 Tage.
Die Temperaturen schwanken zwischen 350 Grad Celsius am Tag und

−170 Grad Celsius in der Nacht. Am Boden einiger Krater wurde Eis gefunden.
Genau wie auf der Erde gibt es ein Magnetfeld.
Seltsamerweise dämmert und geht es an diesem langen Tag von 58 Erdentagen zweimal auf und unter.
Die Sonne geht auf und bleibt scheinbar am Himmel stehen, während sie sich in die entgegengesetzte Richtung bewegt.

VENUS

Er wird nach der römischen Liebesgöttin (**Venus/Aphrodite**) benannt.
Es ist nach dem Mond das hellste Objekt am Nachthimmel.
Es ist drei Stunden vor Sonnenaufgang oder drei Stunden nach Sonnenuntergang zu sehen.

DAS SONNENSYSTEM, DIE SONNE UND DIE PLANETEN

Er ist der zweitnächste Planet im Sonnensystem und der drittgrößte nach Mars und Merkur. Er hat keine Satelliten und sein Magnetfeld ist sehr schwach.

Es ist ein Gesteinsplanet und hat eine der kugelförmigsten Umlaufbahnen.

Die **Temperaturen** erreichen 460 Grad Celsius, viel mehr als auf Merkur, und aufgrund der dichten Wolkendecke gibt es kaum thermische Schwankungen.

Der **atmosphärische Druck** ist 90-mal höher als der der Erde (entspricht dem Druck in 1000 Metern Tiefe im Ozean).

Seine Atmosphäre ist sehr dicht und besteht zu mehr als 90 % aus Kohlendioxid (CO_2) und Stickstoff. Aufgrund dieser hohen Dichte erreichen Meteoriten mit einer Größe von weniger als 3 km² ihre Oberfläche nicht und zerfallen vollständig.

Die Wolken bestehen aus Schwefeldioxid und Schwefelsäure und weisen in den höchsten Schichten der Atmosphäre **Windgeschwindigkeiten** von bis zu 350 km/h auf, die verheerender sind als auf der Erde.

Ein Tag auf der Venus entspricht 243 Tagen auf der Erde. Außerdem dreht sich der Planet in die entgegengesetzte Richtung zur Erde, also von West nach Ost, sodass die Sonne dort im Westen aufgeht und im Osten untergeht.

Der Planet ist von zwei ausgedehnten Hochebenen bedeckt, die durch eine Ebene getrennt sind.

MOND

Im antiken Griechenland glaubte **Anaxagoras**, dass Sonne und Mond zwei seien
gigantische kugelförmige Objekte und dass das Licht des Mondes das Licht der Sonne war reflektiert.
Im Jahr 1609 beobachtete Galileo die Krater des Mondes.

Es wird angenommen, dass ein Objekt von der Größe des Mars mit der Erde kollidierte und aus seinen Überresten der Mond entstand.

DAS SONNENSYSTEM, DIE SONNE UND DIE PLANETEN

Es ist der fünfte Satellit im Sonnensystem, sein Durchmesser beträgt 3474,8 km, er beträgt 1/5 des Erddurchmessers.

Der Mond dreht sich mit mehr als 3.600 km pro Stunde um die Erde, und da die Umlaufbahn nicht genau kreisförmig ist, beträgt die nächste Entfernung zur Erde 363.000 km und die Entfernung, in der er am weitesten von der Erde entfernt ist, 405.000 km.

Die durchschnittliche Entfernung zwischen Erde und Mond beträgt 384.000 km

Bereits im Jahr 150 v. Chr. berechnete **Hipparchos** mit großer Präzision die Entfernung von der Erde zum Mond.

Die Masse der Erde ist 80-mal größer als die des Mondes, daher ist die Schwerkraft auf dem Mond 6-mal geringer als auf der Erde.

Auf dem Mars ist die Schwerkraft halb so groß wie auf der Erde, sodass ein Astronaut, der auf der Erde 100 kg wiegt, auf dem Mond 16,6 kg und auf dem Mars 50 kg wiegt.

Auf dem Mond kann ein Astronaut bis zu 2,5 Meter hoch springen.

DAS SONNENSYSTEM, DIE SONNE UND DIE PLANETEN

Ein Tag auf dem Mond entspricht fast 30 Tagen auf der Erde. Eine Nacht auf dem Mond entspricht fast 30 Nächten auf der Erde.
Da es genauso lange dauert, sich um seine Achse zu drehen, wie für eine vollständige Drehung um die Erde, entgegen dem Uhrzeigersinn, zeigt es immer die gleiche Seite oder Halbkugel und kann bis zu 60 % seiner Oberfläche sehen.
Die Sonne beleuchtet immer eine Hälfte des Mondes.

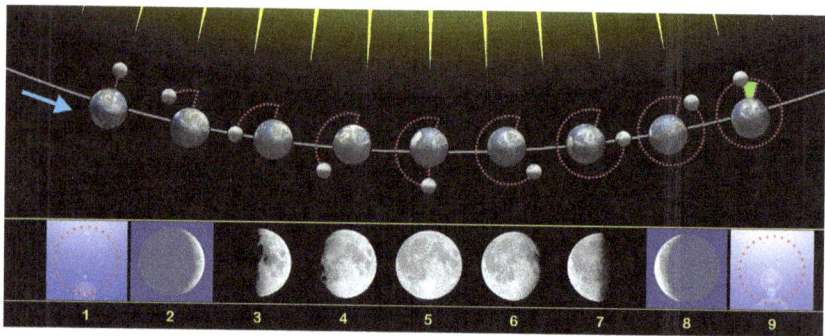

Es ist bekannt, dass sich der Mond pro Jahr 4 Zentimeter von der Erde entfernt, was die Dauer der Tage auf der Erde allmählich verlängert, das heißt, die Geschwindigkeit, mit der sich die Erde dreht, verringert.

-**Mondfinsternisse** treten auf, wenn die Erde zwischen Sonne und Mond gerät und ihren eigenen Schatten wirft, der den Mond verdeckt.
Der Durchmesser der Sonne ist 400-mal größer als der des Mondes, aber sie ist 400-mal weiter entfernt als der Mond, sodass der Größenunterschied ausgeglichen wird.

Der Mond hat kein Magnetfeld und keine Atmosphäre, was zu großen Temperaturschwankungen zwischen Tag und Nacht führt und tagsüber 120 Grad Celsius und nachts -230 Grad Celsius erreicht.
Die Durchschnittstemperatur beträgt tagsüber 100 Grad Celsius; und nachts sind es -153 Grad Celsius.

Da es keine Atmosphäre hat, gibt es keinen Wind und seine Oberfläche erodiert nicht.
Wir können die durch Asteroideneinschläge entstandenen Krater genauso sehen wie vor 3 Milliarden Jahren.

DAS SONNENSYSTEM, DIE SONNE UND DIE PLANETEN

Es wird vermutet, dass es schon lange vorher geologische Aktivitäten gab, mit zahlreichen Vulkanausbrüchen, die flachere Oberflächen, sogenannte Meere, schufen.

In Polarkratern wurden mehr als 300 Millionen Tonnen Eis gefunden, da das Sonnenlicht nie ins Innere gelangt und die Temperatur immer bei etwa -240 Grad Celsius liegt. Es kann auch durch Einschläge von Kometen oder den Sonnenwind entstehen Wasser unter der Mondoberfläche.

Im Jahr 2013 kollidierte ein Meteorit mit einem Durchmesser von 1,4 Metern und einem Gewicht von 400 kg im sogenannten Wolkenmeer.

Reise zum Mond

Raketenstart von Apollo 11

Die **Apollo-Missionen** brauchten drei Tage, um den Mond zu erreichen. Als die ersten Astronauten die Oberfläche erreichten, betrug die Temperatur 130 Grad Celsius. Sie wurden durch dicke Anzüge geschützt, die mehr als 130 kg wogen und über 14 Isolationsschichten verfügten.

Im Jahr 1969 landete die **Apollo-11-Mission** den ersten Menschen auf dem Mond.
Der Apollo-11-Missionscomputer, der das Kommandomodul steuerte, hatte nur 4 Kilobyte RAM und 32 Kilobyte ROM, weniger Speicher als jedes alte Telefon vor Smartphones.

Die letzte bemannte Mission fand 1972 mit **Apollo 17** statt.

Die **Apollo-14-Mission** brachte 500 Samen von Kiefern, Fichten, Bergahornen und Mammutbäumen zum Mond und setzte sie direktem

DAS SONNENSYSTEM, DIE SONNE UND DIE PLANETEN

Sonnenlicht aus, um zu sehen, welche Auswirkungen die kosmische Strahlung hatte. Anschließend wurden sie auf die Erde gebracht und an verschiedenen Orten gepflanzt, wo sie weiter keimten mehr als 400 dieser Pflanzen, die sogenannten Mondbäume.

Im Jahr 2019 brachte die **chinesische Mission Chang'e 4** Baumwoll-, Kartoffel- und Rapssamen zum Mond und ließ sie einige Tage lang keimen.

Die **Artemis-Mission** wird zwischen 2022 und 2028 den Mond besuchen.

Mondrover Apollo 15

DAS SONNENSYSTEM, DIE SONNE UND DIE PLANETEN
DIE ERDE
Die Erde dreht sich mit einer Geschwindigkeit von 1.600 km/h um ihre Achse (Rotationsbewegung) und bewegt sich mit 107.000 km/h um die Sonne (Translationsbewegung). Bei einer Umdrehung um die Sonne legt sie 930 Millionen km zurück.
Die Erde ist nicht vollständig rund, da sie am Äquator 43 km breiter ist als an den Polen.
Das Licht der Sonne benötigt 8 Minuten und 17 Sekunden, um die Erde zu erreichen.

Die Erde verfügt über ein Magnetfeld, das sie vor kosmischer Strahlung oder hochenergetischen Teilchen schützt, die es schaffen, die Heliosphäre zu passieren.

DAS SONNENSYSTEM, DIE SONNE UND DIE PLANETEN

Der magnetische Nordpol der Erde liegt nicht genau in ihrem geografischen Mittelpunkt, sondern etwa 1.600 Kilometer entfernt.

Die **Anziehungskraft des Mondes** zieht alles auf der Erde an. Sehr große Objekte wie Wassermassen werden von dieser Anziehungskraft beeinflusst und erzeugen Pegelschwankungen, sogenannte Gezeiten.

In einem kleineren Gewässer, beispielsweise einem See, gibt es zwar auch Gezeiten, diese sind jedoch so gering, dass sie mit bloßem Auge nicht zu erkennen sind. Beispielsweise können sie im Mittelmeer bis zu 30 Zentimeter zwischen Flut und Ebbe liegen .
Die Schwerkraft des Mondes beeinflusst auch die Drehung der Erde.
Vor 4 Milliarden Jahren war der Mond 22.000 km von der Erde entfernt und unser Planet drehte sich sehr schnell.
Vor 1,4 Milliarden Jahren dauerte ein Tag 18 Stunden.
Seitdem entfernt sich der Mond allmählich von der Erde, wodurch er sich langsamer dreht, sodass die Tage länger dauern.
Wenn sich der Mond in vielen Millionen Jahren weit genug entfernt, wird die von ihm ausgeübte Schwerkraft so schwach sein, dass die Erdachse ihre Position ändert und sich um die Äquatorzone dreht, genau wie es bei Uranus der Fall ist.

Die Temperaturen auf der Erdoberfläche liegen zwischen 57 und -90 Grad Celsius, mit Windgeschwindigkeiten von über 200 km/h.

DAS SONNENSYSTEM, DIE SONNE UND DIE PLANETEN

Der Temperaturunterschied zwischen den Luftmassen erzeugt Winde. Heiße Luft wiegt weniger und steigt auf; Kalte Luft wiegt mehr und sinkt.
Sehr kalte Luftmassen bilden winzige, elektrisch geladene Eiskristalle, und wenn sie ein bestimmtes Niveau erreichen, kommt es zu einer elektrischen Entladung oder einem Blitz.
Die meisten Blitzeinschläge ereignen sich zwischen Wolken und erreichen den Boden nicht.

-Blitze haben eine elektrische Ladung von 15 Millionen Volt.
Der Stromfluss erreicht 200.000 Ampere.
Die Temperatur erreicht 30.000 Grad Celsius. Die Länge der Strahlen beträgt zwischen 1,5 und 12 km und sie bewegen sich mit einer Geschwindigkeit von mehr als 200.000 km pro Stunde in der Luft.
Täglich bilden sich auf der Erde mehr als 2.000 Stürme.

In Venezuela, an der Mündung des Catatumbo-Flusses, in der Gegend des Maracaibo-Sees, kommt es zwischen April und November jede Nacht zu Stürmen. Das Phänomen tritt seit 200 Jahren auf und verursacht mehr als 10 % des Ozons auf der Erde.

DAS SONNENSYSTEM, DIE SONNE UND DIE PLANETEN

Hurrikane entstehen in der Nähe des Äquators und bewegen sich von Ost nach West, in der gleichen Richtung wie die Erdrotation, und überqueren die Ozeane.

-**Im Erdinneren herrscht** eine Temperatur zwischen 3.500 und 5.200 Grad Celsius und der Druck ist 3,5 Millionen Mal höher als auf Meereshöhe.
Unterhalb der Erdkruste befindet sich der **Erdmantel**.
•Sein oberer Teil besteht aus festen Materialien, die sich dehnen und zusammenziehen lassen, ohne zu brechen.
•Sein unterer Teil besteht aus geschmolzenem Gestein und flüssigen Materialien, die aufgrund von Temperatur- und Dichteunterschieden Magmaströme erzeugen:
•Heissere Materialien sind weniger dicht, wiegen weniger und steigen auf.
•Kältere Materialien sind dichter, wiegen mehr und sinken.

Wenn diese **Magmaströme** zur Kruste aufsteigen, zerbrechen sie diese und bilden Platten, durch die Hitze, geschmolzenes Gestein und Gase wie Kohlendioxid entweichen.

Milchstraße über dem Kilauea-Krater

DAS SONNENSYSTEM, DIE SONNE UND DIE PLANETEN

Das Magma erreicht eine Temperatur von 1.200 Grad Celsius (2.100 Grad Fahrenheit) und kann einen Vulkankegel bilden.
Die meisten Inseln entstanden auf dem Meeresboden, aus Material, das von Unterwasservulkanen ausgestoßen wurde.
Tektonische Platten gleiten kontinuierlich oder bauen Spannung auf, bis sie ein Niveau erreichen, bei dem es zum Verrutschen kommt, was zu einem Erdbeben führt.
Jedes Jahr ereignen sich mehr als 500.000 Erdbeben.

MARS
Er ist ein felsiger Planet, der am weitesten von der Sonne entfernt ist und halb so groß ist wie die Erde. Sein Name stammt vom griechisch-römischen Kriegsgott **Mars/Ares.**

DAS SONNENSYSTEM, DIE SONNE UND DIE PLANETEN

Es verfügt über eine sehr dünne Atmosphäre mit einem 100-mal niedrigeren Druck als auf der Erde, die zu 95 % aus Kohlendioxid, Stickstoff und Argon besteht.

Es hat einen Kern aus Eisen, Nickel und Schwefel, der weniger dicht ist als der Erdkern und dessen Schwerkraft 40 % beträgt.

Die Neigung seiner Rotationsachse ähnelt der der Erdachse, daher gibt es auch auf dem Mars Jahreszeiten.
Für einen Umlauf um die Sonne benötigt der Mars 687 Tage.
Der Tag auf dem Mars dauert 24 Stunden und 39 Minuten.
Ein Jahr auf dem Mars entspricht 1 Jahr und 10 Monaten auf der Erde.

-Der Planet hat den höchsten Berg im Sonnensystem, den Olymp, 25 Kilometer hoch, 600 Kilometer breit und ein Plateau, das sich über 40% der Planetenoberfläche erstreckt.

DAS SONNENSYSTEM, DIE SONNE UND DIE PLANETEN

-Die große Schlucht namens Valle Marineris hat eine Länge von 3000 km, eine Breite von 600 km und eine Tiefe von 8 km.
-3/4 des Mars ist von roten Felsen bedeckt.

Endurance-Krater

Der **Rover Opportunity-Roboter** erkundete die Oberfläche des **Endurance-Kraters** und des **Victoria-Kraters**. Er war zwischen 2004 und 2018 aktiv. Als die Kommunikation unterbrochen wurde, legte das Fahrzeug mehr als 42 km des Marsbodens zurück.

Die Durchschnittstemperatur beträgt -55° Grad Celsius.
Die Tiefsttemperaturen an den Polen können bis auf -130 Grad Celsius sinken.
Die Tageshöchsttemperaturen am Äquator können über 20 Grad Celsius liegen. während die nächtlichen Tieftemperaturen auf -80 Grad Celsius fallen können.

Es gab einen Ozean, der 1,5 Milliarden Jahre lang zwei Drittel des Planeten bedeckte.
Als das Magnetfeld des Mars vor 4 Milliarden Jahren verschwand, entwich die Atmosphäre in den Weltraum, wodurch der Druck und die Temperatur des Planeten sanken und das Wasser auf der Oberfläche verschwand.

DAS SONNENSYSTEM, DIE SONNE UND DIE PLANETEN

Bei solch niedrigem Atmosphärendruck geht Wasserdampf bei einer Temperatur von −80 Grad Celsius vom gasförmigen Zustand in einen festen Zustand in Form von Eis über.

An den Polen gibt es eine dauerhafte Schicht aus CO^2-Eis und Wassereis von etwa 100 km Länge und 10 Metern Höhe.

Wassereiswolken

Die Winde können Geschwindigkeiten von mehr als 150 km/h erreichen und auf der Oberfläche ausgedehnte Dünensysteme bilden.
Sandstürme können Monate andauern und sich über den ganzen Planeten

DAS SONNENSYSTEM, DIE SONNE UND DIE PLANETEN

ausbreiten.
Es gibt weiße Wolken, die aus Wasserdampf oder Kohlendioxid bestehen, und gelbe Wolken, die aus mikroskopisch kleinen Sandpartikeln bestehen, die dem Himmel einen rosa Farbton verleihen.
Im Winter bildet Wasserdampf Wolken aus Eiskristallen und Trockeneis.

Der Mars hat zwei kleine Satelliten namens **Phobos und Deimos,** deren Umlaufbahnen sehr nahe am Planeten liegen. Sie stammen aus dem Asteroidengürtel und wurden von der Schwerkraft des Planeten erfasst.
Deimos ist der kleinste und am weitesten entfernte Phobos, der größte und nächstgelegene.
Es dauert weniger als 24 Stunden, den Mars zu umkreisen, sodass er zweimal am Tag am Himmel auf- und untergeht.

Größen terrestrischer Planeten

DAS SONNENSYSTEM, DIE SONNE UND DIE PLANETEN

ASTEROIDENGÜRTEL

Er befindet sich zwischen den Umlaufbahnen von Mars und Jupiter, in einer Entfernung zwischen 2 und 4 Astronomischen Einheiten von der Sonne.

Es besteht aus mehr als 500.000 Asteroiden mit Durchmessern von mehr als 1,5 km und 1.000 Asteroiden mit Durchmessern von mehr als 15 km sowie ausgedehnten Bändern kosmischen Staubs von mikroskopischer Größe, weit voneinander entfernt.

Sie drehen sich in der gleichen Richtung wie die Planeten um die Sonne und benötigen zwischen 3 und 5 Monaten, für eine vollständige Umdrehung sogar 6 Jahre.

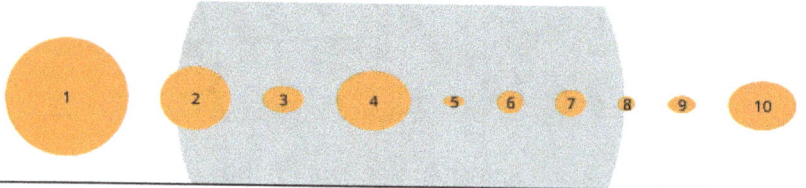

Mond 1 Ceres 2 Pallas 3 Juno 4 Vesta 5 Astraea 6 Hebe 7 Iris 8 Flora 9 Metis 10 Hygiea

Ceres (939 km) Vesta (525 km) Pallas (512 km) Hygiea (434 km)

Mittelgroße Asteroiden sind 5 Millionen Kilometer voneinander entfernt, sodass Kollisionen in Abständen von Hunderttausenden von Jahren auftreten.

Alle 10 Millionen Jahre kommt es zu einer Kollision zwischen

DAS SONNENSYSTEM, DIE SONNE UND DIE PLANETEN

Asteroiden, deren Radien größer als 10 km sind. Die Kollision führt zur Bildung kleinerer Asteroiden, wenn die Geschwindigkeit hoch ist. oder die Vereinigung der beiden Asteroiden zu einem, wenn die Geschwindigkeit sehr niedrig ist, was seltener vorkommt.

Die größten Objekte im Gürtel sind **Ceres** mit 950 km, gefolgt von **Pallas** und **Vesta** mit halb so großer Größe.

Vesta, Ceres und Mond

Es wird angenommen, dass der Asteroidengürtel vor 4,5 Milliarden Jahren zur gleichen Zeit wie die Planeten im Sonnensystem entstanden ist.
In diesem frühen Stadium der Entstehung des Sonnensystems konnten diese Asteroiden keinen Planeten bilden, da sie von der Gravitationskraft des Jupiter beeinflusst wurden.
- Einige Asteroiden wurden auf ihrer Flugbahn so stark beschleunigt, dass sie sich bei der Kollision mit anderen mit hoher Geschwindigkeit nicht zusammenschließen konnten und sich in immer kleinere Fragmente aufteilten.
- Andere Asteroiden weiteten ihre Umlaufbahnen um die Sonne so weit aus, dass sie mit der Sonne kollidierten oder in die **Oortsche Wolke** am Rande des Sonnensystems geschleudert wurden.

DAS SONNENSYSTEM, DIE SONNE UND DIE PLANETEN

•Weniger als 1 % der Protoasteroiden erlitten keine nennenswerten Kollisionen und behielten ihre ursprüngliche Form.

Die am weitesten von der Sonne entfernten Asteroiden sparen Wasser und machen 75 % der Gesamtmenge aus.
Es gibt Asteroiden, die aus Eisen und Nickel und sogar Platin bestehen.
Ein Drittel der Asteroiden umkreist die Sonne, gruppiert mit anderen und bildet Familien. Sie stammen von demselben Asteroiden, der mit einem anderen kollidiert ist.

CERES

Er ist das größte Objekt im Asteroidengürtel und gilt als Zwergplanet, einer der ältesten Planeten oder Protoplaneten. Er entstand vor 4,5 Milliarden Jahren, zusammen mit **Vesta** und **Pallas**.

DAS SONNENSYSTEM, DIE SONNE UND DIE PLANETEN

Es wurde 1801 entdeckt und ist nach der griechisch-römischen Göttin der Landwirtschaft benannt.

Es hat einen Durchmesser von 945 km und genug Masse, um aufgrund der Schwerkraft eine runde Form zu haben.

Ein Tag auf Ceres dauert 9 Stunden und es dauert 4 Jahre und 6 Monate, um die Sonne zu umkreisen.

Seine Rotationsachse ist um weniger als 4 Grad geneigt, sodass die Polargebiete immer dem Sonnenlicht ausgesetzt sind.

Es ist felsig und seine Oberfläche ist mit Eis bedeckt. Es wird angenommen, dass es in großen Tiefen flüssiges Wasser gibt, mit einigen Kratern, die dichte Salzlake ausstoßen.

Der Planet ist voller Krater mit einer Breite zwischen 20 und 100 km, in denen sich eine große Menge Eis befindet. Der größte Krater ist 280 km breit.

Occator-Krater

Es hat eine sehr leichte Atmosphäre aus Wasserdampf, der durch Sublimation von Oberflächeneis erzeugt wird.

Ceres hat einige Asteroiden über lange Zeiträume eingefangen, aber seine Umlaufbahn, die er mit Tausenden von Asteroiden teilt, nicht verlassen.

-**Ceres-Fluchtgeschwindigkeit** 0,51 km/s; 1836 km pro Stunde.
-**Fluchtgeschwindigkeit des Mondes** 8640 km pro Stunde.
-**Fluchtgeschwindigkeit der Erde** 40.280 km pro Stunde.
Die Fluchtgeschwindigkeit ist die Geschwindigkeit, die ein Objekt benötigt, um dem Einfluss des Gravitationsfeldes eines anderen Objekts zu entkommen, beispielsweise die Geschwindigkeit, die ein Gesteinsfragment nach dem Einschlag eines Asteroiden benötigt, um der Schwerkraft eines Planeten zu entkommen und weiter durch den Weltraum zu reisen.

VESTA

Asteroid mit einem Durchmesser von 530 Kilometern, einem Eisen- und Nickelkern und einer Basaltoberfläche. Er wurde 1807 **zu Ehren der Göttin der Heimat benannt.** Seine Umlaufbahn liegt näher an der Sonne als Ceres.
Es dreht sich in etwas mehr als 5 Stunden um die eigene Achse und braucht 3 Jahre und 6 Monate, um eine vollständige Umdrehung um die Sonne zu machen. Die Temperaturen auf seiner Oberfläche liegen zwischen -20 und -130 Grad Celsius.

DAS SONNENSYSTEM, DIE SONNE UND DIE PLANETEN

Für einen kurzen geologischen Zeitraum war dort eine geologische Aktivität zu verzeichnen.

An einem seiner Pole befindet sich ein Krater mit einem Durchmesser von 460 km, der zwischen 4.000 und 12.000 Meter hoch und 13 km tief ist.

Es wurde durch einen Einschlag eines anderen Objekts vor etwa 1 Milliarde Jahren verursacht.

Zwei weitere große Einschlagskrater sind mehr als 150 km breit und 7 km tief.

PALLAS

Es wurde 1802 nach Ceres entdeckt und ist zu **Ehren von Pallas Athene, der Göttin der Weisheit, benannt.**

Pallas hat einen Durchmesser von 545 km und ist damit ähnlich groß wie Vesta, weist jedoch eine geringere Dichte auf.

Ein Tag in Pallas dauert fast 8 Stunden.

Seine Rotationsachse weist eine Neigung von mehr als 60° auf, sodass das Sonnenlicht im Winter und im Sommer sehr ungleichmäßig auf ihn trifft.

JUPITER

Er ist der größte Planet im Sonnensystem, 318-mal größer als die Erde. Er liegt jenseits des Mars und ist aufgrund seiner Entfernung von der Sonne der fünfte. Seinen Namen verdankt er dem **Gott Jupiter/Zeus.** Er gehört zu den Gasplaneten und besteht aus Wasserstoff und Helium.

Dichte Wolken bedecken den gesamten Planeten und die Winde wehen zwischen 350 und 500 km/h.

Ein Tag auf Jupiter dauert 10 Erdenstunden.

Wolken bestehen aus Ammoniakkristallen und Wasserdampf.
Der hohe Druck seiner Atmosphäre führt dazu, dass Wasserstoff in einen flüssigen und dann in einen festen Zustand übergeht. In den

DAS SONNENSYSTEM, DIE SONNE UND DIE PLANETEN

unteren Schichten befindet sich ein großer Eiskern, der zwischen 7 und 18 Mal so groß ist wie die Erde.
Es verfügt über das stärkste Magnetfeld im gesamten Sonnensystem. Aufgrund des sehr hohen Drucks seiner Atmosphäre können Diamanten auf Jupiter regnen. Sie werden aus Kohlenstoff gebildet und steigen von den oberen Schichten in die unteren Schichten ab.
-Jupiter hat 67 Satelliten.Im Jahr 1610 konnte Galileo seine größten Satelliten beobachten: den vulkanischen Io, das eisige Europa, den Riesen Ganymed, den größten Satelliten im Sonnensystem, sowie Kallisto, der unserem Mond ähnelt.

GANYMED

Mit einem Durchmesser von 5.200 km ist er der größte Satellit des Jupiter und einer der vier, die Galileo 1610 entdeckte. Er wurde zu Ehren des Dieners von **Jupiter/Zeus benannt**, der einer seiner Liebhaber war.

DAS SONNENSYSTEM, DIE SONNE UND DIE PLANETEN

Er ist doppelt so groß wie unser Mond.

Ein Tag auf Ganymed entspricht 7 Tagen auf der Erde. Das entspricht auch der Zeit, die für eine vollständige Umdrehung um Jupiter benötigt wird, sodass er dem Planeten immer das gleiche Gesicht zeigt, genau wie unser Mond.

Es hat eine sehr dünne Atmosphäre mit geringen Mengen an Sauerstoff und Wasserstoff und ein schwaches Magnetfeld.

Es besteht aus einem Eisenkern und Silizium. Seine Oberfläche ist voller Krater unterschiedlicher Größe und mit einer dicken Eisschicht bedeckt.

Es ist wie auf der Erde in tektonische Platten unterteilt, die vor Millionen von Jahren die Berge bildeten. Es weist keine geologische Aktivität mehr auf.

Unter seiner Oberfläche befindet sich ein riesiger Ozean aus flüssigem und salzigem Wasser, dessen Volumen größer ist als auf der Erde.

KALLISTO

Er ist einer der vier großen Satelliten, die Galileo entdeckt hat, der zweitgrößte des Jupiters, ähnlich groß wie Merkur.
Benannt nach der Nymphe, Geliebte von Jupiter/Zeus.

Seine Umlaufbahn ist weiter entfernt als die der anderen drei, und er

zeigt dem Jupiter immer das gleiche Gesicht, wie es auch beim Mond der Fall ist, und der Erde.
Ein Tag auf Kallisto entspricht 17 Tagen auf der Erde und ist auch die Zeit, die für eine vollständige Umdrehung um Jupiter benötigt wird, sodass er immer das gleiche Gesicht oder die gleiche Hemisphäre aufweist.
Felsiger Satellit mit zahlreichen Kratern ohne Aktivität, einer leichten Kohlendioxidatmosphäre und einem starken Magnetfeld.
Es gibt einen Ozean aus gefrorenem Wasser mit einer Tiefe von mehr als 150 km und einer Dicke von etwa 200 km.
Es ist bekannt, dass der Schmelzpunkt von Eis mit zunehmendem Druck abnimmt und bei einem Druck von 2.070 bar -22 Grad Celsius erreicht.
Die flache Oberfläche ist übersät mit Kratern unterschiedlicher Größe, die durch Meteoriteneinschläge entstanden sind, und ist diejenige mit den meisten Kratern im gesamten Sonnensystem.

IO

Er ist der drittgrößte Satellit des Jupiter und der nächstgelegene der von **Galileo** entdeckten.

Ein felsiger Planet mit Bergen, die höher sind als die auf der Erde.
Der griechischen Mythologie zufolge war sie eine Nymphe, die Jupiter/Zeus liebte.

Es ist der Planet im Sonnensystem mit der größten Anzahl aktiver Vulkane, mehr als 400. Bei Ausbrüchen mit einer Höhe von mehr als 500 km wurden Wolken beobachtet, die vom Jupiter angezogen werden.

An der Oberfläche gibt es Seen aus flüssigem Schwefel.

EUROPA

Es ist der kleinste der vier Satelliten, die Galileo entdeckt hat.
Seine Größe ist etwas kleiner als der Mond. Europa ist die Mutter von König Minos von Kreta, dem **Liebhaber von Jupiter/Zeus.**

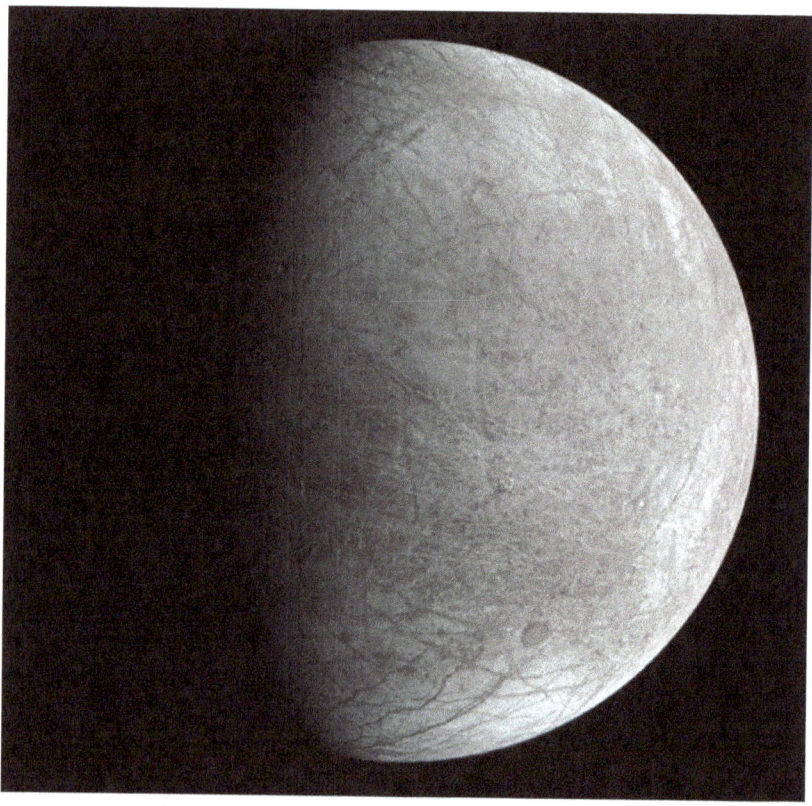

Seine Atmosphäre ist reich an Sauerstoff, aber sehr dünn, wenn auch etwas dichter als die des Mars.
Die Temperaturen liegen zwischen -160 und -220 Grad Celsius.
Sein Inneres besteht aus Eisen und Nickel. In einer Tiefe von 25 km befindet sich eine dicke Eisschicht, die den Planeten umgibt. In einer Tiefe von 150 km gibt es einen Ozean aus Salzwasser.

DAS SONNENSYSTEM, DIE SONNE UND DIE PLANETEN

Die Gallileischen Satelliten

SATURN

Gasförmiger Planet, dessen Name vom griechisch-römischen Gott Saturn/Kronus, Sohn von Uranus und Gaia und Vater von Jupiter/Zeus, abgeleitet ist.

Es ist 96-mal größer als die Erde. Seine Atmosphäre besteht aus Wasserstoff und Helium.

Ein Tag dauert etwas mehr als 10 Stunden. Der Planet braucht fast 30 Jahre, um eine vollständige Umdrehung um die Sonne zu vollziehen. Aufgrund des hohen Drucks und der sehr hohen Temperatur, die denen der Sonne nahe kommt, befinden sich diese Gase in flüssigem Zustand.

Stürme können mehr als sieben Monate andauern und die Blitzeinschläge haben Spannungen von mehreren Millionen Grad. Das Magnetfeld ist viel schwächer als das des Jupiter.

Saturn ist von einem riesigen Gürtel umgeben. Obwohl Galileo der erste war, der Saturn mit einem Teleskop beobachtete, konnte Christiaan Huygens seine Ringe erst 1659 klar erkennen.

Der Planet ist von 1.000 Ringen umgeben, die aus Eisstücken unterschiedlicher Größe bestehen, die sich mit einer Geschwindigkeit von 48.000 km/h bewegen.

DAS SONNENSYSTEM, DIE SONNE UND DIE PLANETEN

Die meisten sind kleiner als Sandkörner und bilden eine gürtelförmige Partikelwolke, die vom Sonnenlicht beleuchtet wird. Es gibt auch Teile in der Größe eines Lastwagens oder eines Hauses.
Es gibt 4 Hauptringstreifen: A, B, C und D.
Die Ringe sind zwischen 100 Meter und 400.000 Kilometer breit, eine Distanz, die größer ist als die zwischen der Erde und dem Mond.

- Einfügung in die Umlaufbahn des Cassini-Saturn.
- Titan und Saturn.

Diese Ringe sind durch einen räumlichen Abstand voneinander getrennt.
Sie entstanden vor 100 Millionen Jahren, als Dinosaurier die Erde bewohnten. Ein riesiger Komet kollidierte mit der Saturnatmosphäre und zerfiel in Millionen von Eispartikeln. Andere Wissenschaftler gehen davon aus, dass sie durch die Kollision zweier ihrer Eismonde entstanden sind.

DAS SONNENSYSTEM, DIE SONNE UND DIE PLANETEN

Saturn has 143 satellites, of which 61 have a diameter greater than 20 km, and 7 have a diameter greater than 350 km.
Den gigantischen **Titan** mit seinen unterirdischen Ozeanen und Geysiren; sowie **Enceladus** und seine Methanatmosphäre.
Huygens entdeckte auch den Satelliten **Titan**.

TITAN

Er ist der größte Satellit des Saturn, mit einem Durchmesser von 5100 km ist er fast doppelt so groß wie Merkur. Er befindet sich 9,5 Astronomische Einheiten von der Sonne entfernt.
Es ist ein Gesteinsplanet mit einer Eisoberfläche und einem schwachen Magnetfeld.
Auf seiner Oberfläche gibt es ausgedehnte Ebenen, Berge, die nicht einmal 2000 Meter hoch sind, sowie braune Sanddünen mit einer Höhe von 150 Metern und einer Länge von 1500 Kilometern.
Es gibt Flüsse mit einer Länge von bis zu 400 Metern und Seen mit

DAS SONNENSYSTEM, DIE SONNE UND DIE PLANETEN

flüssigem Methan an seinen Polen. Die vulkanische Aktivität ist intensiv.

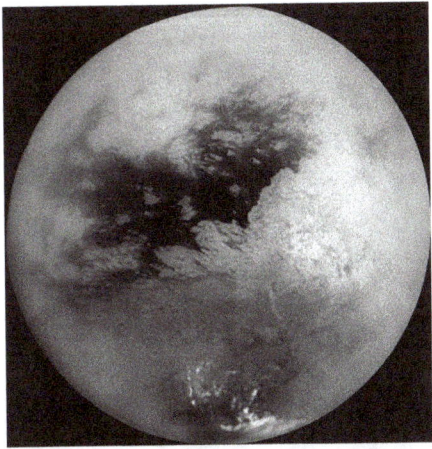

Unter seiner Oberfläche, 100 Kilometer tief, befindet sich ein unterirdischer Ozean aus Wasser und flüssigem Ammoniak. Die Kohlenwasserstoffreserven auf diesem Planeten sind tausendmal größer als die auf der Erde.

Die dichte Atmosphäre besteht zu 90 % aus Stickstoff und zu 5 % aus Methan, deren Druck das 1,5-fache des Erddrucks beträgt.

Die Winde erreichen Geschwindigkeiten von bis zu 180 km/h. Die Wolken erreichen eine Höhe von bis zu 25 km, einige können jedoch auch eine Höhe von bis zu 100 km erreichen.
Auf Titan regnet es flüssiges Methan, das auf der Erde ein Gas ist, und zwar bis zu 50 Liter pro Quadratmeter und Jahr. Wenn es auf dem Boden trocknet, bildet es eine Teerschicht.

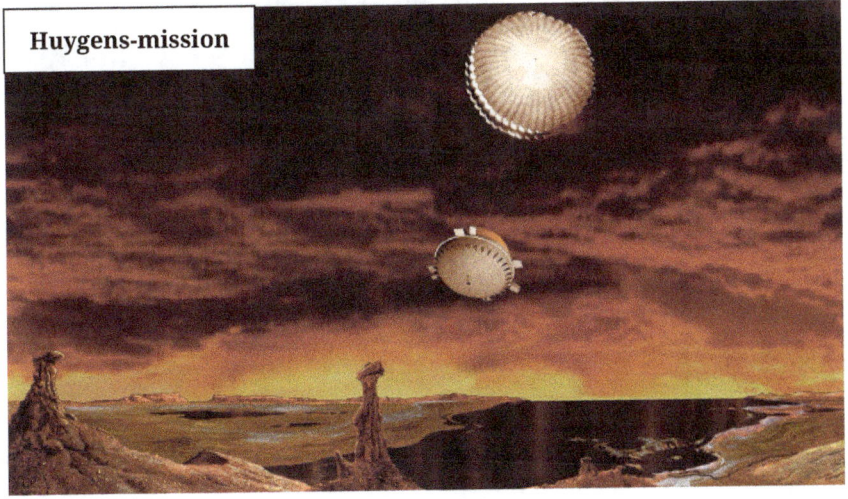

Huygens-mission

Der größte Teil des Methanniederschlags verdunstet wieder, bevor er den Boden erreicht.

Auf Titan dauert ein Tag 16 Erdentage, die gleiche Zeit, die für eine vollständige Umdrehung um den Saturn benötigt wird.

Das Sonnenlicht, das Titan erreicht, ist 1000-mal geringer als das, was die Erde erreicht, und ähnelt der Dämmerung bei einem starken Sturm, sodass seine Oberflächentemperatur -180 Grad Celsius nicht überschreitet.

RHEA

Saturns Satellit, der zweitgrößte nach Titan, mit einem Durchmesser von mehr als 1500 km, halb so groß wie der Mond.

Es wurde 1670 vom **Astronomen Giovanni Cassini** entdeckt und ist nach Rhea, der Frau von Saturn/Kronus, benannt.

DAS SONNENSYSTEM, DIE SONNE UND DIE PLANETEN

Für einen kompletten Umlauf um den Saturn dauert es nur vier Tage, obwohl seine Umlaufbahn sehr weit vom Planeten entfernt ist.
Es besteht aus Gestein und Eis. Die Oberfläche ist mit Kratern bedeckt.
Es hat eine sehr leichte Atmosphäre aus Kohlendioxid und Sauerstoff.
Die Temperatur erreicht -220 Grad Celsius.

IAPETUS

Aufgrund seiner Größe der dritte Satellit des Saturn nach Rhea und Titan.
Benannt nach einem der Titanen der Mythologie, wurde er 1671 von **Giovanni Cassini** entdeckt. Für eine vollständige Umdrehung um den Saturn (Translationsbewegung) dauert es 79 Tage.

ENCELADUS

Mit einem Durchmesser von knapp über 500 km ist er der sechstgrößte Satellit des Saturn. Er wurde 1789 von **William Herschel** entdeckt. Es ist ein felsiger Planet, dessen Oberfläche mit Eis bedeckt ist. Er verfügt über Hunderte von Geysiren, die über 100 km lang sind und Wasserdampf, Salzkristalle und Eis ausstoßen Ein Teil des von ihnen ausgestoßenen Wassers gefriert schnell und fällt in Form von Schnee zu Boden. Ein anderer Teil wird von der Schwerkraft des Saturn angezogen und fügt seinem äußeren Ring Material hinzu.

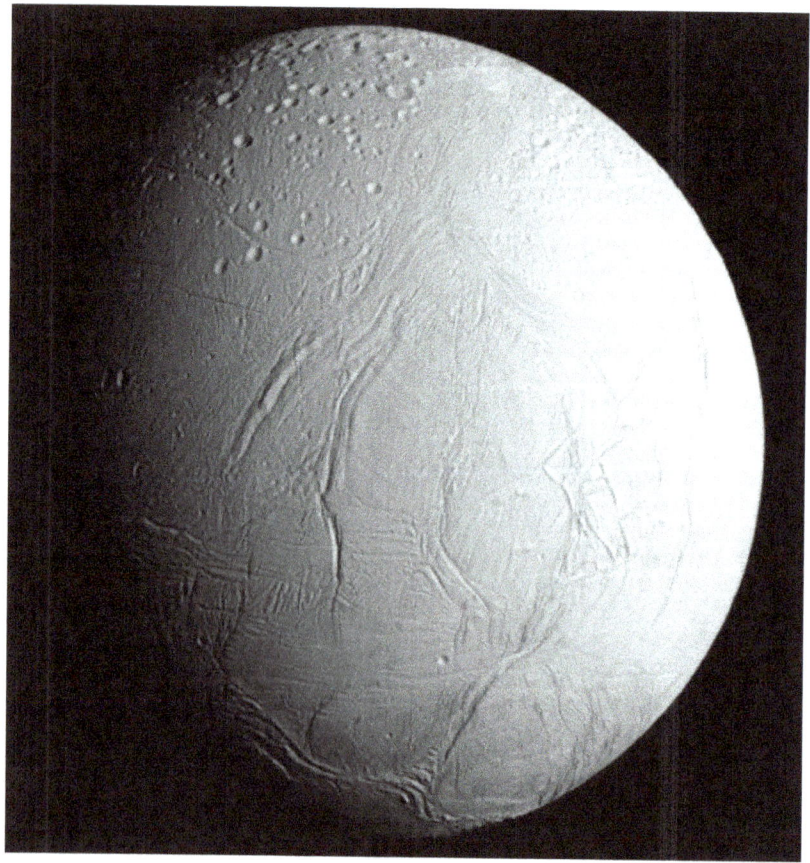

DAS SONNENSYSTEM, DIE SONNE UND DIE PLANETEN

Unter seiner 40 km tiefen Eisoberfläche befindet sich ein Ozean aus Salzwasser, der aufgrund der geothermischen Aktivität des Satelliten eine hohe Temperatur haben muss; Das bedeutet sehr günstige Lebensbedingungen.

Er dreht sich schnell um Saturn im äußersten Ring des Planeten, in seinem engsten Bereich, und benötigt 32 Stunden für eine vollständige Umdrehung (Translationsbewegung).
Er präsentiert dem Saturn immer das gleiche Gesicht, genau wie unser Mond der Erde.
Der Südpol ist von Wasserdampfwolken mit geringen Mengen Stickstoff und Kohlendioxid umgeben.

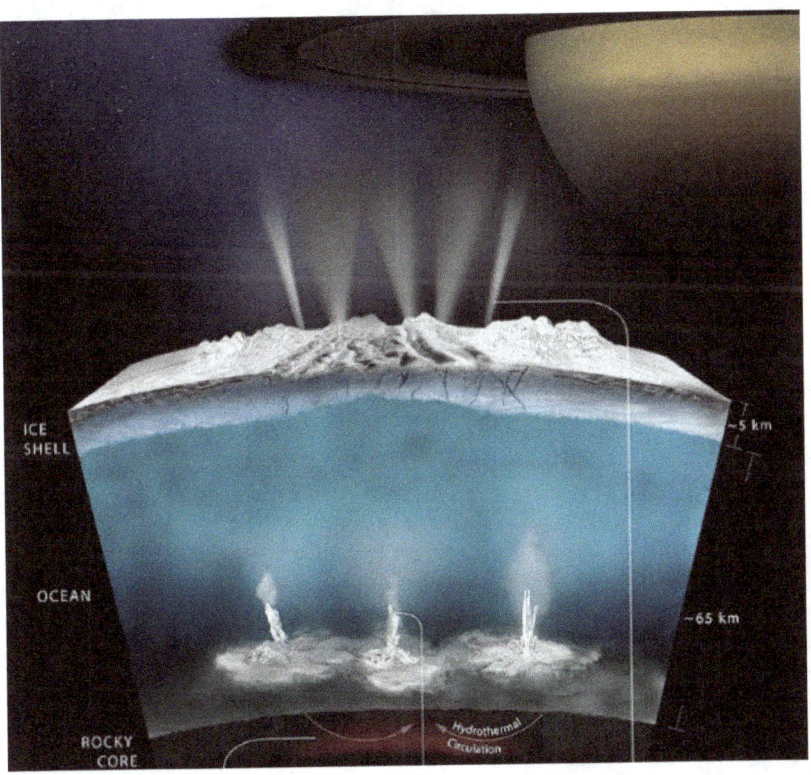

DAS SONNENSYSTEM, DIE SONNE UND DIE PLANETEN

PHOEBE

Es handelt sich um einen Saturn-ähnlichen Satelliten, dessen Masse aufgrund der Schwerkraft nicht ausreicht, um ihm eine runde Form zu verleihen, da sein Durchmesser 220 km beträgt.

Ein Tag auf Phoebe entspricht 9 Stunden. Es dauert 550 Tage, um den Saturn vollständig zu umkreisen, was in der entgegengesetzten Richtung zum Rest geschieht.

Es besteht aus Eis und Gestein. Seine Oberfläche ist voller Krater, die durch Asteroideneinschläge entstanden sind. Die Temperatur beträgt -163 Grad Celsius.

Es wird angenommen, dass er von jenseits von Pluto kam und auf seiner Wanderung durch den Weltraum vom

URANUS

Weiter als Saturn von der Sonne entfernt ist Uranus der siebte Planet im Sonnensystem und der drittgrößte nach Jupiter und Saturn. Er ist 63-mal größer als die Erde.

Uranus ist **der Vater von Saturn/Kronus und der Großvater von Jupiter/Zeus.**
Es wurde 1781 von **William Herschel** entdeckt.
Die Sonnenstrahlung ist 400-mal geringer als die, die die Erde erreicht.
Der Tag dauert 17 Erdstunden (Rotation). Für einen Umlauf um die Sonne benötigt Uranus 84 Jahre.
Seine seltsame Rotationsachse bedeutet, dass sich die Pole des Planeten dort befinden, wo sich die Äquatorlinie auf der Erde befindet. Das bedeutet, dass die Pole Zyklen von mehr als 40 Jahren Licht und weiteren 40 Jahren völliger Dunkelheit haben.
Er verfügt über ein Magnetfeld, Ringe, die schwächer sind als die des Saturn, und zahlreiche Satelliten.

Es hat keine feste Oberfläche. Die Atmosphäre besteht hauptsächlich aus Wasserstoff, zusätzlich zu Helium und Methan, die sich mit den unteren Flüssigkeitsschichten, bestehend aus Wasser und Ammoniak,

vermischen und durch den sehr hohen Druck komprimiert werden.
Die Temperaturen erreichen -200 Grad Celsius.
Die Winde auf Uranus können bis zu 820 km/h erreichen.

Uranus verfügt über ein Ringsystem, das aus mikroskopisch kleinen Eisstücken besteht, obwohl einige bis zu 1 Meter lang sind, ähnlich dem Ringsystem des Saturn.

Uranus-Erde-Größenvergleich

Uranus hat 27 **Satelliten**, deren Namen von Figuren aus den Werken von **William Shakespeare** stammen.

Es hat fünf **Hauptsatelliten**: Titania, Miranda, Oberon, Ariel und Umbriel. Der kleinste ist Miranda mit 470 Kilometern und der größte ist Titania mit 1578 Kilometer.

Aufgrund der großen Neigung der Rotationsachse von Uranus, die dazu führt, dass einer seiner Pole immer der Sonne zugewandt ist, während sich seine Satelliten um den Äquator von Uranus drehen, erleben die Satellitenpole auch 42 Jahre Dunkelheit und 42 Jahre

ununterbrochenes Licht.
Alle Satelliten bestehen aus Gestein und Eis, mit Ausnahme von Miranda, das aus Eis und Kohlendioxid besteht.

TITANIA

Er ist der größte der Uranus-Satelliten. Er wurde 1787 von **William Herschel** entdeckt. Er ist nach der **Königin der Feen** benannt (Ein Sommernachtstraum von William Shakespeare).
Es hat eine schwache Kohlendioxidatmosphäre, ähnlich der von Kallisto und viel leichter als die von Pluto.
Sein Inneres ist felsig und die Oberfläche ist mit Eis bedeckt, unter dem sich vermutlich ein Ozean aus flüssigem Wasser befindet, der eine Tiefe von 190 km erreichen kann.

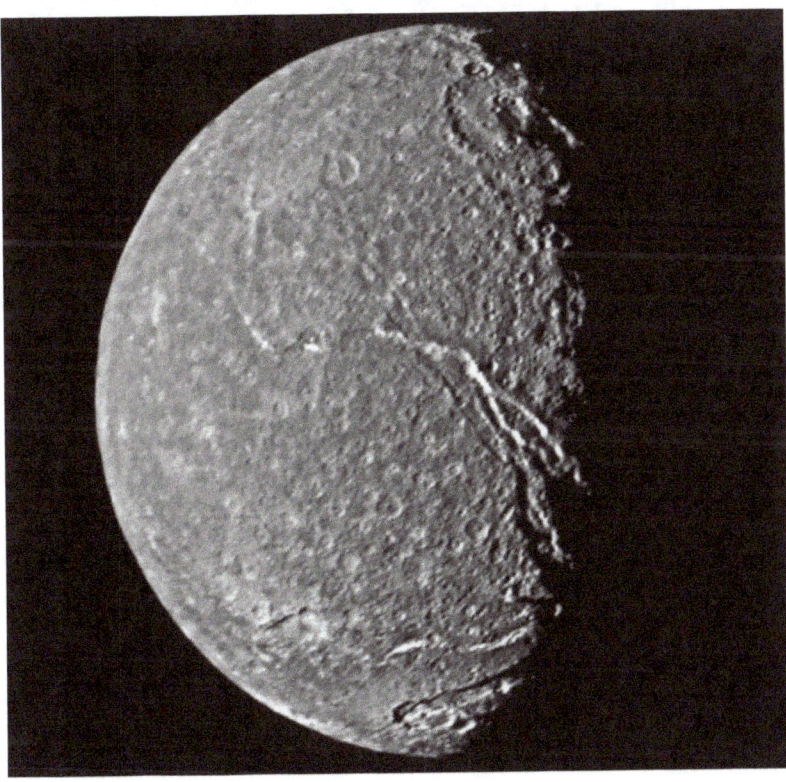

DAS SONNENSYSTEM, DIE SONNE UND DIE PLANETEN

Ein Tag auf Titania entspricht 8 Tagen auf der Erde. Der Satellit zeigt Uranus immer das gleiche Gesicht, genau wie unser Mond der Erde. Sie können zahlreiche Krater, Schluchten und Ebenen sehen.

MIRANDA

Mit einem Durchmesser von 470 km ist er der kleinste der großen Uranus-Satelliten. Es wurde 1948 entdeckt und ist nach der **Tochter des Zauberers Prospero** (William Shakespeares „Der Sturm") benannt. Sein Inneres ist felsig mit Methangasblasen. Seine Oberfläche ist von Schluchten durchzogen und von Wassereis bedeckt (Sie sollten wissen, dass auch andere chemische Elemente gefrieren, wie zum Beispiel Kohlendioxid...).

OBERON

Er ist nach Titania der zweitgrößte und am weitesten von den Hauptmonden des Uranus entfernt. Er wurde 1787 zu Ehren von Oberon, **dem König der Feen**, benannt (Ein Sommernachtstraum von William Shakespeare).

Ein Tag in Oberon entspricht fast 14 Erdentagen. Der Satellit zeigt Neptun immer das gleiche Gesicht, genau wie unser Mond der Erde, so dass es auch 14 Tage dauert, um einen vollständigen Umlauf um Uranus zu machen.
Es besteht aus Steinen und Eis und kann flüssiges Wasser enthalten. Seine Oberfläche ist vollständig von Kratern bedeckt, die durch den Einschlag entstanden sind von Meteoriten auf seiner Oberfläche, von denen einige mehr als 200 km groß sind.
Es gibt auch tiefe Schluchten.
Es gibt sehr dunkle Gebiete, da Meteoriteneinschläge die Eisschicht aufbrechen und das felsige Innere von Oberon freilegen.

NEPTUN

Es ist der am weitesten von der Sonne entfernte Planet.
Es ist zu Ehren von **Neptun/Poseidon, dem Gott des Meeres**, benannt.
Es ist 17-mal größer als die Erde.
Die Störung in den Umlaufbahnen von Uranus und Saturn veranlasste Mathematiker zu der Annahme, dass es jenseits des 1846 von Galle lokalisierten Objekts ein weiteres Objekt geben muss.
Die Atmosphäre besteht aus Wolken aus Wasserstoff, Helium und Methan.
Die Methankristalle verwandeln sich in Diamanten, die als Regen fallen. Unter diesen Wolken und ohne klar definierte Trennung befindet sich ein Ozean aus Wasser und Ammoniak, aufgeladen mit Elektrizität, mit Temperaturen von mehr als 4500 Grad Celsius. Im tiefsten Teil des

DAS SONNENSYSTEM, DIE SONNE UND DIE PLANETEN

Planeten befindet sich ein Kern aus geschmolzenem Gestein.
Die Temperatur auf der Planetenoberfläche beträgt −218 Grad Celsius.
Die Windgeschwindigkeit erreicht 2200 km/h, die höchste bekannte Geschwindigkeit.

Neptun-Erde-Größenvergleich

Neptun hat 17 **Satelliten**. Der größte ist Triton, wo eisige Stickstoffgeysire und die niedrigsten Temperaturen im Sonnensystem beobachtet wurden: −235 Grad Celsius.
Sein Ringsystem ähnelt dem des Jupiter.

TRITON

Es ist der größte Satellit von Neptun. Er wurde 1846 von William Lassell entdeckt und zu Ehren des **Sohnes von Neptun/Poseidon**, dem Gott des Meeres, benannt.
Seine Atmosphäre ist nahezu nicht vorhanden. Auf seiner Oberfläche werden Temperaturen von −235 Grad Celsius erreicht, die niedrigsten im Sonnensystem.
Die Rotationsbewegung von Triton verläuft in entgegengesetzter

Richtung zu der von Neptun (rückläufige Umlaufbahn), daher wird angenommen, dass er aus dem **Kuipergürtel** stammt und von Neptuns Gravitationskraft eingefangen wurde.

Neptun und Triton

Die ungewöhnliche Neigung der Rotationsachse führt dazu, dass die Pole die Äquatorzone besetzen, wie es bei Uranus der Fall ist. Die Jahreszeiten dauern 82 Erdenjahre.
Triton umkreist Neptun auf einer nahezu kreisförmigen Umlaufbahn. Das Innere ist felsig und die Oberfläche der Pole besteht aus gefrorenem Stickstoff und Methan.
Es gibt Vulkane, die flüssigen Stickstoff und Methan mehrere Kilometer hoch ausstoßen.
Die Schwerkraft bringt Triton näher an Neptun heran und beschleunigt seine Rotation, bis Triton so nahe kommt, dass es zusammenbricht und einen riesigen Ring um Neptun bildet.

NEREID

Der Satellit wurde 1949 entdeckt und zu Ehren der Nereiden benannt, **Nymphen, die Neptun, den Gott des Meeres,** begleiten.
Er hat einen Durchmesser von 360 km und seine Oberfläche ist mit Eis bedeckt.Ein Tag in Nereid dauert 11 Stunden.
Die Umlaufbahn um Neptun ist extrem langgestreckt. Sein nächstgelegener Punkt zum Planeten beträgt 1,3 Millionen km und sein am weitesten von Neptun entfernter Punkt beträgt fast 10 Millionen km.

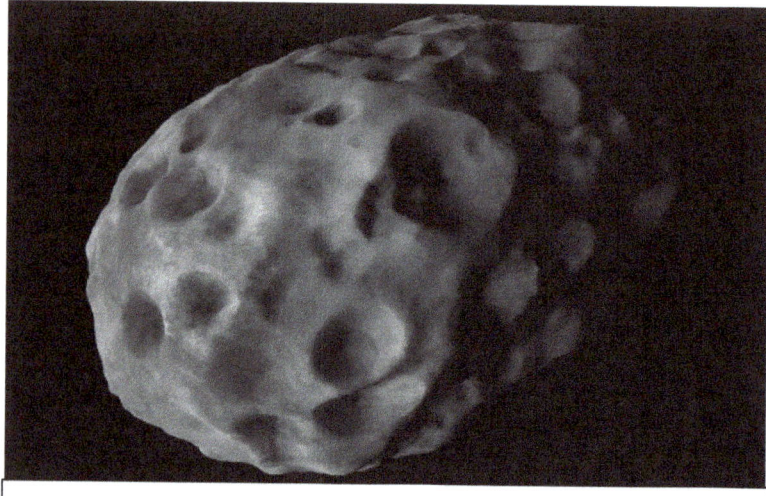

Vergleichende Größe gasförmiger Planeten

PLUTO

Es wurde 1930 von **Clyde Tombaugh** entdeckt und ist nach **Pluto/ Hades, dem Gott der Unterwelt**, benannt.
Pluto befindet sich im Kuipergürtel, einer Region, die zwischen 30 und 50 Astronomischen Einheiten von der Sonne entfernt ist.

Für einen vollständigen Umlauf um die Sonne dauert es 248 Jahre. 20 Jahre lang kreuzt die Umlaufbahn von Pluto die Umlaufbahn von Neptun, aber aufgrund ihrer Neigung besteht keine Möglichkeit einer Kollision.
Ein Tag auf Pluto entspricht 6 Tagen auf der Erde. Die Neigung seiner Rotationsachse bedeutet, dass sich der Äquator des Planeten an seinen beiden Polen befindet, genau wie bei Uranus.

DAS SONNENSYSTEM, DIE SONNE UND DIE PLANETEN

Auf Pluto ist die Leuchtkraft der Sonne 1000-mal geringer als auf der Erde und ähnelt einer Vollmondnacht.
Seine Atmosphäre aus Stickstoff, Kohlendioxid und Methan ist sehr dünn. Auf seiner Oberfläche befinden sich gefrorenes Methan und Wasserstoff.

Norgay-Hillary-Gebirge

Größenvergleiche von Ganymed, Titan Kallisto, Io, Mond, Europa, Triton und Pluto

DAS SONNENSYSTEM, DIE SONNE UND DIE PLANETEN

Es hat 5 **Satelliten**: Charon, 1978 entdeckt, ähnlich groß wie Pluto, aber viel weniger masse; Nyx, Hydra, Kerberus und Styx.

CHARON

Er ist der größte Satellit von Pluto und wurde 1978 von **James W. Christy** entdeckt. Er ist nach Charon benannt, einem Bootsmann, der dafür verantwortlich war, die Seelen der Toten in die Unterwelt zu bringen.
Er hat einen Durchmesser von 1.200 Kilometern und ist 19.000 Kilometer von Pluto entfernt, 20-mal näher als der Mond an der Erde. Charon zeigt Pluto immer das gleiche Gesicht, genau wie der Mond der Erde.
Sein Inneres besteht aus Fels und Eis, und seine Oberfläche ist mit Wassereis bedeckt und hat keine Atmosphäre.
Die Temperatur reicht bis -258 Grad Celsius.

DAS SONNENSYSTEM, DIE SONNE UND DIE PLANETEN

Charon kreist nicht wie ein Satellit um Pluto, sondern Pluto und Charon kreisen um einen gemeinsamen Gravitationspunkt (Doppelplanetensystem).

Charon und Pluto

Kleinere Satelliten

- **Nix** und **Hydra** wurden 2005 entdeckt. Nyx, die Mutter von Charon, der Göttin der Dunkelheit, ist 55 km lang. Hydra, die Schlange, die die Unterwelt bewachte, ist 42 km lang.
- **Kerberus** wurde 2011 entdeckt und hat eine Länge von 30 km. Dreiköpfiger Hund, der auch über die Unterwelt wacht und der Bruder von Hydra ist.
- **Styx** wurde 2012 entdeckt und hat eine Länge von 20 km.

DAS SONNENSYSTEM, DIE SONNE UND DIE PLANETEN

ZWERGPLANETEN JENSEITS VON PLUTO
-In den Jahren 2002 und 2003 wurden **Quaoar** und **Sedna** entdeckt, deren Durchmesser halb so groß ist wie der Durchmesser von Pluto.

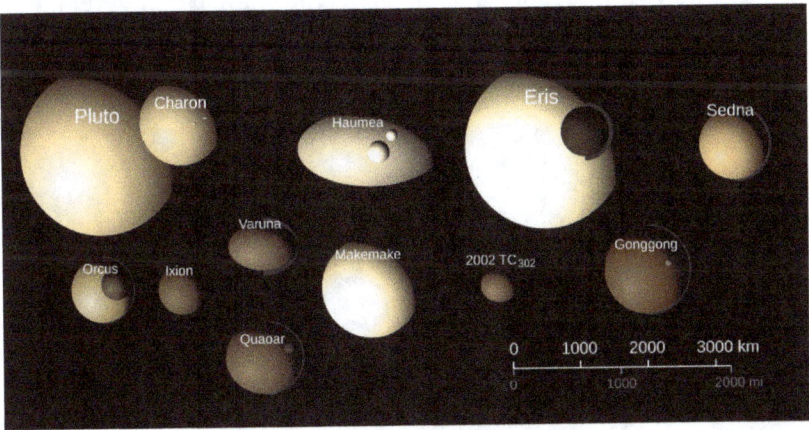

ERIS
Er ist der transneptunische Zwergplanet mit der größten Masse und mit einem Durchmesser von 2.300 km der zweitgrößte nach Pluto. Er wurde 2005 vom Mount Palomar Observatorium in den Vereinigten Staaten von Amerika entdeckt.

DAS SONNENSYSTEM, DIE SONNE UND DIE PLANETEN

Es wurde zu Ehren der **Göttin der Zwietracht benannt, die den Trojanischen Krieg verursachte.**
Sein Inneres ist felsig und die Oberfläche besteht aus gefrorenem Methan.
Seine Umlaufbahn um die Sonne ist dreimal weiter als die Umlaufbahn von Pluto.
Für einen Umlauf um die Sonne, die zwischen 35 und 95 Astronomische Einheiten entfernt ist, dauert es 557 Jahre.
Pluto umkreist die Sonne in einer Entfernung zwischen 29 und 49 Astronomischen Einheiten.
Neptun umkreist die Sonne mit 30 Astronomischen Einheiten.
Es hat einen **Satelliten** namens **Dysnomia**, die Göttin der ungerechten Handlungen.

SEDNA

Befindet sich in der **Oortschen Wolke**, zwischen 76 und 960 Astronomischen Einheiten von der Sonne entfernt, etwa 32-mal weiter als Neptun.
Es wurde 2003 vom Mount Palomar Observatorium in den Vereinigten Staaten entdeckt. Es ist nach der **Eskimo-Göttin des Meeres** benannt.
Sein Durchmesser beträgt 1600 km. Ein Tag in Sedna dauert 10 Stunden.

DAS SONNENSYSTEM, DIE SONNE UND DIE PLANETEN

Es dauert 11.400 Jahre, um die Sonne zu umkreisen. Eine Raumsonde würde fast 25 Jahre brauchen, um dieses Objekt zu erreichen.
Seine Oberfläche besteht aus Kohlenstoffeis, Methan und gefrorenem Stickstoff.
Die Temperaturen liegen also unter -230 Grad Celsius
Es wird angenommen, dass Methan nicht verdampft und dann als Schnee fällt, wie es auf Triton und Pluto der Fall ist.

HAUMEA

Ellipsenförmiger Zwergplanet im **Kuipergürtel**. Er wurde 2003 entdeckt und zu Ehren der hawaiianischen Fruchtbarkeitsgöttin benannt. Er ist 1/3 so groß wie Pluto, hat einen Durchmesser von etwa 1400 km und ist von Ringen umgeben Es.
Er befindet sich 35 Astronomische Einheiten von der Sonne entfernt.
Er dreht sich in 4 Stunden um sich selbst und braucht 283 Jahre, um eine vollständige Umdrehung um die Sonne zu machen.
Es handelt sich um einen Gesteinsplaneten, dessen Oberfläche mit Eis bedeckt ist.
Es wird angenommen, dass es keine Atmosphäre gibt.

Er hat zwei **Satelliten**, der größte, **Hi'iaka** genannt, zu Ehren der hawaiianischen Göttin der Medizin, ist der äußerste, liegt 50.000 km entfernt, hat einen Durchmesser von 300 km und benötigt 49 Tage, um den Planeten zu umkreisen.
Der jüngste heißt **Namaka**, zu Ehren der hawaiianischen Meeresgöttin.

DAS SONNENSYSTEM, DIE SONNE UND DIE PLANETEN

QUAOAR
Kandidat für einen Zwergplaneten, der sich im fernen Kuipergürtel am Rande des Sonnensystems befindet. Er wurde 2002 vom Palomar Mountain Observatorium entdeckt.
Benannt nach einem Gott der ersten Bewohner Nordamerikas, hat er einen Durchmesser von 1100 km, ist halb so groß wie Pluto und verfügt über ein System aus zwei Ringen, die aus bis zu 300 km breiten Eisfragmenten bestehen.Seine Oberfläche ist mit Eis bedeckt.
Ein **Satellit** namens Weywot dreht sich um ihn.

MAKEMAKE
Zwergplanet im Kuipergürtel. Die Ankunft einer Raumsonde würde 16 Jahre dauern. Er wurde 2005 entdeckt. Er ist nach einer Gottheit von **der Osterinsel benannt.**
Seine Größe beträgt 1450 km im Durchmesser, 60 % von Pluto.
Seine Oberfläche ist mit Eis, Stickstoff und gefrorenem Methan bedeckt.
Es dauert 308 Jahre, um die Sonne zu umkreisen.
Es wird angenommen, dass es eine leichte Atmosphäre aus Stickstoff und Methan gibt.
Der **Satellit** ist 21.000 km entfernt, hat einen Durchmesser von 175 km und braucht 12 Tage, um Makemake zu umkreisen.

DAS SONNENSYSTEM, DIE SONNE UND DIE PLANETEN

GONGGONG
2007 vom Mount Palomar Observatory benannt nach dem
chinesischen Gott des Meeres.
Es hat einen Durchmesser von 1200 km und einen **Satelliten** namens
Xiangliu.
Es dauert 553 Jahre, um die Sonne zu umkreisen.
Es wird angenommen, dass seine Oberfläche mit Wassereis und
möglicherweise gefrorenem Methan bedeckt ist.

ORCUS
Es wurde 2003 entdeckt.
Es hat einen Durchmesser
von 1600 km.

Vergleich der Größe von Orcus, Mond und Erde

Es hat einen **Satelliten** namens **Vanth.**

DAS SONNENSYSTEM, DIE SONNE UND DIE PLANETEN

Urheberrecht2024. Das Sonnensystem, die Sonne und die Planeten, veröffentlicht von Baltasar Rodríguez Oteros für Kindle.

Danksagungen

-https://upload.wikimedia.org/wikipedia/commons/c/c5/Released_to_Public_Voyager_Montage_by_NASA_(NASA)_(291707648).jpg Released to Public: Voyager Montage by NASA (NASA) Author pingnews.com
https://upload.wikimedia.org/wikipedia/commons/thumb/1/15/Mars_-_8k_Render_(32907950425).jpg/1024px-Mars_-_8k_Render_(32907950425).jpgMars -8k Render Author Kevin M. Gill Flickr set Hourly Cosmoshttps://es.m.wikipedia.org/wiki/Archivo:MarsSunsetCut.jpgNASA's Mars Exploration Rover: Spirit [1] Autor NASA
https://upload.wikimedia.org/wikipedia/commons/3/31/Sizes_of_Solar_System_objects_to_scale.png23 January 2024 Source Own work Author RedKire25
https://upload.wikimedia.org/wikipedia/commons/thumb/5/51 High_School_Earth_
Science_Cover.jpg/http://cafreetextbooks.ck12.org/science/CK12_Earth_Science.pdf
If the above link no longer works, visit http://www.ck12.org and lookfor the CK-12 Earth
Science book.Author CK-12 Foundation
https://upload.wikimedia.org/wikipedia/commons/thumb/2/20/Nh-pluto-charon-v2-10-1-15_1600.jpg/NASA Solar System Exploration Author NASA's New Horizons
spacecraft
https://commons.m.wikimedia.org/wiki/File:Solar_sys.jpghttps://photojournal.jpl.nasa.gov/catalog/PIA11800Author NASA/JPL
https://upload.wikimedia.org/wikipedia/commons/thumb/7/7e/Solar_system_Painting.jpg Harman Smith and Laura Generosa (nee Berwin), graphic artists and contractors to NASA's Jet Propulsion Laboratory.
https://upload.wikimedia.org/wikipedia/commons/thumb/d/de/The_Solar_System_(37307579045).jpg/The Solar System Author Kevin Gill from Los Angeles, CA, United States
https://upload.wikimedia.org/wikipedia/commons/thumb/f/f0/2006-16-d-print2.jpg/1078px-2006-16-d-print2.jpg Source Page:http://hubblesite.org/newscenter/newsdeskarchive/
releases/2006/16/image/dAuthor A. Feild(SpaceTelescope Science Institute)From http://hubblesite.org/copyright/ copyright@stsci.edu.
https://upload.wikimedia.org/wikipedia/commons/thumb/a/af/NASA_Heliosphere_Mod.jpg/NASA/JPL-Caltech Author JudithNabb
https://upload.wikimedia.org/wikipedia/commons/thumb/b/b7/Asteroid_Bennu's_Journey%2C_the_formation_of_our_Solar_system_and_the_early_Earth_(NASA_video).webm/.jpg NASA | Asteroid Bennu's Journey –View/savearchivedversions on archive.org and archive today Author NASA Goddard
https://upload.wikimedia.org/wikipedia/commons/thumb/0/0b/BENNU'S_JOURNEY_-_Early_Earth.jpg/Flickr Author NASA's Goddard Space Flight Center
https://upload.wikimedia.org/wikipedia/commons/8/81/Solar_System_Diagram_-_Feb._2019_(46327506074).jpgStephenposted to Flickr by splinx1 at https://flickr.comphotos/
42837737@N05/46327506074
https://upload.wikimedia.org/wikipedia/commons/thumb/6/68/Artist's_conception_of_Sedna.jpg NASA/JPL-Caltech/R. Hurt(SSC-Caltech)
https://upload.wikimedia.org/wikipedia/commons/thumb/3/38/Haumea_with_rings_(37641832331).jpg) Kevin Gill from Los Angeles,CA,UnitedStateshttps://flickr.com/photos/
53460575@N03/37641832331
https://upload.wikimedia.org/wikipedia/commons/thumb/b/bc/Artist's_concept_of_the_Solar_System_as_viewed_from_Sedna.jpg/http://hubblesite.org/newscenter/archive/releases/2004/14/image/f/formatlarge_web/Author NASA,ESA and Adolf Schaller

DAS SONNENSYSTEM, DIE SONNE UND DIE PLANETEN

https://upload.wikimedia.org/wikipedia/commons/thumb/2/21/10_Largest_Trans-Neptunian_objects_(TNOS).png/Lexicon(Commons 3.0),Exoplanet Expert (Commons 4.0),SpaceDude777
-https://upload.wikimedia.org/wikipedia/commons/thumb/c/c7/Saturn_during_Equinox.jpg/http://www.ciclops.org/view/5155/Saturn-Four-Years-On
http://www.nasa.gov/images/content/365640main_PIA11141_full.jpg
http://photojournal.jpl.nasa.gov/catalog/PIA11141 Autor NASA / JPL / Space Science Institute
-https://upload.wikimedia.org/wikipedia/commons/thumb/9/97The_Earth_seen_from_Apollo_17.jpg/NASA/Apollo 17 crew; taken by either Harrison Schmitt or RonEvans
-https://upload.wikimedia.org/wikipedia/commons/thumb/0/01/Phase-180.jpg/Jay Tanner
-https://upload.wikimedia.org/wikipedia/commons/thumb/d/df/Full_moon_partially_obscured_by_atmosphere.jpg
http://spaceflight.nasa.gov/gallery/images/shuttle/sts-103/html/s103e5037.html Autor NASA
-https://upload.wikimedia.org/wikipedia/commons/thumb/4/44 Kilauea_Volcanic_Eruption_Big_Island_Hawaii_2018_(31212271237).jpg/Author Anthony Quintano from Mount Laurel, United States
-https://upload.wikimedia.org/wikipedia/commons/thumb/8/89/Comet_C-1995_01_Hale-Bopp%2C_on_March_14%2C_1997_(cropped).jpg/Author ignoto - Credit: ESO/E. Slawik
-https://upload.wikimedia.org/wikipedia/commons/thumb/8/86/Montagem_Sistema_Solar.jpg/NASA
-https://upload.wikimedia.org/wikipedia/commons/thumb/3/3b/Portrait_of_Sir_Isaac_Newton%2C_1689.jpg/https://exhibitions.lib.cam.ac.uk/lines ofthought/artifacts/newton-by-kneller
-https://upload.wikimedia.org/wikipedia/commons/thumb/d/d8/NASA_Mars_Rover.jpg/1280px-NASA_Mars_Rover.jpgNASA/JPL/Cornell University, Maas Digital LLC
https://upload.wikimedia.org/wikipedia/commons/thumb/6/68/Schiaparelli_Hemisphere_Enhanced.jpg
https://astrogeology.usgs.gov/search/details/Mars/Viking/schiaparelli_enhanced/tif Autor USGS
-https://upload.wikimedia.org/wikipedia/commons/thumb/f/f6/May_28%2C_2013_Bennington%2C_Kansas_tornado.jpeg/Dustin Goble (Submitted to National Weather Service)
https://upload.wikimedia.org/wikipedia/commons/thumb/1/12/Oidipous_sphinx_MGEt_16541_reconstitution.svg/Juan José Moral.
https://upload.wikimedia.org/wikipedia/commons/thumb/b/b5/During_the_Atmospheric_Imaging_Assembly_of_NASA's_Solar_Dynamics_Ob servatory_-_20100819.jpg/NASA/SDO (AIA)
https://upload.wikimedia.org/wikipedia/commons/thumb/0/02/SolarSystem_OrdersOfMagnitude_Sun-Jupiter-Earth-Moon.jpg/Tdadamemd
https://upload.wikimedia.org/wikipedia/commons/thumb/f/f3/Orion_Nebula_-_Hubble_2006_mosaic_18000.jpg/NASA, ESA, M. Robberto (Space Telescope Science Institute/ESA) and the Hubble Space Telescope Orion Treasury Project Team
https://upload.wikimedia.org/wikipedia/commons/thumb/6/63/Messier_81_HST.jpg/NASA, ESA and the Hubble Heritage Team (STScI/AURA)
https://upload.wikimedia.org/wikipedia/commons/a/ae/EastHanSeismograph.JPGen:user: Kowloonese
https://es.m.wikipedia.org/wiki/Archivo:Takakkaw Falls2.jpg Michael Rogers (Mjrogers50 de Wikipedia en inglés)
https://upload.wikimedia.org/wikipedia/commons/thumb/8/85/Venus_globe.jpg/photojournal.jpl.nasa.gov/catalog/PIA00104Autor NASA/JPL
https://upload.wikimedia.org/wikipedia/commons/thumb/7/7c/Terrestrial_planet_sizes2.jpg/NASA/JHUAPLVenus image:NASA/Johns Hopkins University
Applied Physics Laboratory/Carnegie Institution of Washington Earth image: NASA/Apollo 17 crew, retouch by User:Aaron1a12
https://upload.wikimedia.org/wikipedia/commons/thumb/7/71/PIA22946-Jupiter-RedSpot-JunoSpacecraft-20190212.jpg/NASA/JPL-Caltech/SwRI /MSSS/Kevin M. Gill
https://upload.wikimedia.org/wikipedia/commons/thumb/9/95/Uranus%2C_Earth_size_comparison_2.jpg/NASA (image modified by Jcpag2012)
https://upload.wikimedia.org/wikipedia/commons/thumb/2/2f/Neptune%2C_Earth_size_comparison_true_color.jpg/ CactiStaccingCrane
https://upload.wikimedia.org/wikipedia/commons/thumb/1/1c/Europa_in_natural_color.png/Europa - PJ45-2.png from
https://www.missionjuno.swri.edu/junocam/processing?
id=13844 Autor NASA/JPL-Caltech/SwRI/MSSS/Kevin M. Gill
https://upload.wikimedia.org/wikipedia/commons/thumb/2/21/Ganymede_-_Perijove_34_Composite.png/2048px-Ganymede_-_Perijove_34_Compo site.png Kevin M. Gill https://flickr.com/photos/53460575@N03/51238659798 Ganymede -Perijove 34 CompositeAutor NASA/JPL-Caltech/SwRI/MSSS/Kevin M.Gill
https://upload.wikimedia.org/wikipedia/commons/thumb/0/0e/Moon_and_Asteroids_1_to_10.svg/Vystrix Nexoth
https://upload.wikimedia.org/wikipedia/commons/thumb/b/b4/The_Dawn_Flight_Configuration_2.jpghttp://dawn.jpl.nasa.gov/multimedia/spacecra ft.asp GDKDawn spacecraft Source:http://dawn.jpl.nasa.gov/multimedia/spacecraft.asp PD-NASA
https://upload.wikimedia.org/wikipedia/commons/thumb/7/7b/Io_highest_resolution_true_color.jpg/NASA /JPL /University of Arizona
https://upload.wikimedia.org/wikipedia/commons/thumb/0/06/Titan_in_front_of_the_ring_and_Saturn.jpg/http://photojournal.jpl.nasa.gov/catalog /PIA14922 Author Produced By Cassini Credit:NASA/JPL-Caltech/Space Science Institute
https://upload.wikimedia.org/wikipedia/commons/thumb/2/25/Titan_globe.jpg/NASA/JPL/Space Science Institute Permissionjpl.nasa.gov
https://upload.wikimedia.org/wikipedia/commons/thumb/b/b2/Cassini_Saturn_Orbit_Insertion.jpg/Autor NASA/JPL
https://upload.wikimedia.org/wikipedia/commons/4/46/Gas_planet_size_comparisons.jpg
http://solarsystem.nasa.gov/multimedia/display.cfm?IM_ID=180Author Solar System Exploration, NASA
https://upload.wikimedia.org/wikipedia/commons/thumb/7/7d/PIA01482_Saturn_Montage.jpg JPL image PIA01482 Author NASA
https://upload.wikimedia.org/wikipedia/commons/thumb/d/d4/Justus_Sustermans_-_Portrait_of_Galilei%2C_1636.jpg/identificador Art UK de unaobra de arte: galileo-galilei-
156416-42-175709
fotógrafo https://www.rmg.co.uk/collections/objects/rmgc-Dmitry Rozhkov object-14174
https://upload.wikimedia.org/wikipedia/commons/thumb/3/30/Mercury_in_color_-_Prockter07_centered.jpg/NASA/JPLAutor NASA /Johns Hopkins University Applied Physics Laboratory /Carnegie Institution of Washington.Prockter07.jpg by Papa Lima Whiskey .
https://upload.wikimedia.org/wikipedia/commons/thumb/5/58/Ceres_-_RC3_-_Haulani_Crater_(22381131691).jpgCeres -RC3 -Haulani Crater Autor Justin Cowart
https://upload.wikimedia.org/wikipedia/commons/thumb/4/41/Sol454_Marte_spirit.jpg/http://marsrovers.jpl.nasa.gov/gallery/press/spirit/200504 20a.html Autor NASA/JPL
https://upload.wikimedia.org/wikipedia/commons/thumb/f/f5/007_Jack's_4_O'clock_EVA-1_LM_Pan_Hi_Res.jpg/NASA/Gene Cernan/Jack Schmitt
https://upload.wikimedia.org/wikipedia/commons/thumb/8/8e/Duke_on_the_Descartes_-_GPN-2000-001123.jpg/Author NASA John Young
https://upload.wikimedia.org/wikipedia/commons/thumb/e/e4/Water_ice_clouds_hanging_above_Tharsis_PIA02653_black_background.jpg/http:// www.jpl.nasa.gov/spaceimages/details.php?id=PIA02653 Author NASA/JPL/MSSS
https://upload.wikimedia.org/wikipedia/commons/thumb/c/cb/7505_mars-curiosity-rover-gale-crater-beauty-shot-pia19839-full2.jpg/https://mars. nasa.gov/resources/7505/Author Jim Secosky picked out a NASA JPL-Caltech
https://commons.m.wikimedia.org/wiki/File:Lspn_comet_halley.jpg NASA/W.Liller
https://upload.wikimedia.org/wikipedia/commons/thumb/0/0c/360°_View-_Very_Well-Preserved_9-Kilometer_Diameter_Impact_Crater_(334322470 00).jpg/https://flickr.com/photos/53460575@ N03/33432247000Author Kevin M. Gill Flickr set Hourly Cosmos Flickr
https://upload.wikimedia.org/wikipedia/commons/thumb/f/f9/Ceres_and_Vesta%2C_Moon_size_comparison.jpg/Gregory H. Revera Ceres image: Justin Cowart Vesta image: NASA/JPL-Caltech
https://upload.wikimedia.org/wikipedia/commons/thumb/f/f9/Sar2667_as_it_entered_Earth's_atmosphere_over_the_north_of_France.jpg/Wokege
https://upload.wikimedia.org/wikipedia/commons/thumb/5/5a/Uranus_moons.jpg/Vzb83
https://upload.wikimedia.org/wikipedia/commons/thumb/e/e1/HAVO_20220213_Milky_Way_over_Kilauea_crater_J.Wei_(51888623142).jpg/Hawai i Volcanoes National Park
https://upload.wikimedia.org/wikipedia/commons/thumb/3/3b/Catatumbo_Lightning_-_Rayo_del_Catatumbo.jpg/Fernando Flores from Caracas,Venezuela https://flickr.com/photos/
44948457 @N07/23691566642
https://es.m.wikipedia.org/wiki/Archivo:Huracan_patricia_23-10.jpghttps://twitter.com/StationCDRKelly/status/657618739492474880Autor Scott Kelly
https://es.m.wikipedia.org/wiki/Archivo:PIA17202_-_Approaching_Enceladus.jpg National Aeronautics and Space Administration (NASA) Jet Propulsion Laboratory (JPL)
https://commons.m.wikimedia.org/wiki/File:Callisto_-_May_26_2001_(37113416323).jpg Kevin Gill from Los Angeles, CA, United States Flickr by Kevin M. Gill at https://flickr.com/photos/
53460575@N03/37113416323
https://commons.m.wikimedia.org/wiki/File:The_Galilean_Satellites_-_PIA01299.tiffJPLAuthor NASA
https://commons.m.wikimedia.org/wiki/File:PIA00340_Montage_of_Neptune_and_Triton.tiff http://photojournal.jpl.nasa.gov/ catalog/PIA00340

DAS SONNENSYSTEM, DIE SONNE UND DIE PLANETEN

Author NASA,JPL
https://upload.wikimedia.org/wikipedia/commons/thumb/e/ef/Pluto_in_True_Color_-_High-Res.jpg/1024px-Pluto_in_True_Color_-_High-Res.jpgNASA/Johns Hopkins University Applied Physics Laboratory/Southwest Research Institute/Alex Parker
https://upload.wikimedia.org/wikipedia/commons/thumb/c/c9/Iapetus_as_seen_by_the_Cassini_probe_-_20071008.jpg/The Other Side of Iapetus Autor NASA / JPL / Space Science Institute
https://upload.wikimedia.org/wikipedia/commons/thumb/2/23/Pluto_compared2.jpg/Composition of NASA images by Eurocommuter.
https://upload.wikimedia.org/wikipedia/commons/thumb/a/a3/PIA19947-NH-Pluto-Norgay-Hillary-Mountains-20150714.jpg/NASA/Johns Hopkins University Applied Physics Laboratory
https://upload.wikimedia.org/wikipedia/commons/thumb/2/2e/Charon_in_True_Color_-_High-Res.jpg/NASA/Johns Hopkins University Applied Physics Laboratory/Southwest Research Institute/Alex Parker
https://upload.wikimedia.org/wikipedia/commons/thumb/a/ab/PIA07763_Rhea_full_globe5.jpg/http://photojournal.jpl.nasa.gov/catalog/PIA07763 Autor NASA /JPL/Space Science Institute
https://upload.wikimedia.org/wikipedia/commons/thumb/2/21/Ganymede_-_Perijove_34_Composite.png/Ganymede Perijove 34 Autor NASA/JPL-Caltech/SwRI/MSSS/KevinM.Gill
https://upload.wikimedia.org/wikipedia/commons/thumb/c/c2/Miranda_mosaic_in_color_-_Voyager_2.png https://www.flickr.com/photos/197038812@N04/53467048107/Autor zelario12
https://upload.wikimedia.org/wikipedia/commons/thumb/b/b1/Uranus_Montage.jpg/http://solarsystem.nasa.gov/multimedia/display.cfm?Category=Planets&IM_ID=10767
http://solarsystem.nasa.gov/multimedia/gallery/Uranus_Montage.jpg Author NASA/JPL
https://upload.wikimedia.org/wikipedia/commons/thumb/4/4e/PIA00039_Titania.jpg/http://ciclops.org/view/3651/Titania_-_Highest_Resolution_Voyager_Picture Autor NASA/JPL
https://upload.wikimedia.org/wikipedia/commons/thumb/2/2e/Apollo_15_Lunar_Rover_and_Irwin.jpg/http://www.hq.nasa.gov/alsj/a15/images15.html Autor NASA/David Scott
https://commons.m.wikimedia.org/wiki/File:Solar_System_true_color.jpgCactiStaccingCrane
https://upload.wikimedia.org/wikipedia/commons/thumb/d/d5/Comet_McNaught_at_Paranal.jpg/jpghttp://www.eso.org/public/images/mc_naught34/Author ESO/Sebastian Deiries European Southern Observatory (ESO).
https://upload.wikimedia.org/wikipedia/commons/thumb/d/d7/Terrestrial_planet_sizes_3.jpg/Orbiter Mission (30055660701).png (ISRO / ISSDC / Justin Cowart)Author CactiStaccingCrane
https://upload.wikimedia.org/wikipedia/commons/thumb/6/67/Planet_collage_to_scale_(captioned).jpg/User:MotIoAstro(Sun); NASA Author CactiStaccingCrane
https://upload.wikimedia.org/wikipedia/commons/thumb/2/2d/The_Mysterious_Case_of_the_Disappearing_Dust.jpg/NASA/JPL-Caltech
https://upload.wikimedia.org/wikipedia/commons/thumb/e/e3/Magnificent_CME_Erupts_on_the_Sun_-_August_31.jpg/Flickr : Magnificent CME Erupts on the Sun - August 31Autor NASA Goddard Space Flight Center
https://upload.wikimedia.org/wikipedia/commons/thumb/a/ae/Phoebe_cassini_full.jpg/JPL image PIA06064 Author NASA/ JPL/Space Science Institute
https://upload.wikimedia.org/wikipedia/commons/thumb/3/3a/Mare_Imbrium-AS17-M-2444.jpg
http://nssdc.gsfc.nasa.gov/imgcat/html/object_page/a17_m_2444.html http://www.lpi.usra.edu/resources/apollo/frame/?AS17-M-2444Autor NASA
https://upload.wikimedia.org/wikipedia/commons/a/a6/Moon_phases_00.jpg Orion 8
https://upload.wikimedia.org/wikipedia/commons/thumb/8/81/Artemis_program_hls-ascending.jpg/https://www.nasa.gov/feature/nasa-seeks-input-from-us-industry-on-artemis-lander-development Autor NASA
https://upload.wikimedia.org/wikipedia/commons/thumb/3/3e/Deep_Impact_HRI.jpegNASA/JPL-Caltech/UMDhttp://discovery.nasa.gov/images/67_secs_after_impact.jpg archive copy at the Wayback Machine
https://upload.wikimedia.org/wikipedia/commons/thumb/c/c4/ALH84001.jpg/http://www-curator.jsc.nasa.gov/curator/antmet/marsmets/alh84001/ALH84001.0.htmAutor NASA
https://upload.wikimedia.org/wikipedia/commons/thumb/1/17/PIA22083-Ceres-DwarfPlanet-GravityMapping-20171026.gif/https://photojournal.jpl.nasa.gov/archive/PIA22083.gifAuthor NASA/JPL-Caltech/UCLA/MPS/DLR/IDA
https://es.m.wikipedia.org/wiki/Archivo:Vesta_full_mosaic.jpg View of Vesta Autor NASA/JPL-Caltech/UCAL/MPS/DLR/IDA
https://upload.wikimedia.org/wikipedia/commons/thumb/7/72/Iau_dozen.jpg (IAU/NASA) Martin Kornmesser NASA/ESA and the Hubble Heritage Team"
https://upload.wikimedia.org/wikipedia/commons/thumb/8/84/The_Four_Largest_Asteroids_(unlabeled).jpg/ Ceres and Vesta images: NASA/JPL-Caltech/UCLA/MPS/ DLR/IDA Pallas image: NASA Hygiea image: Astronomical Institute of the Charles University: JosefĎurech, VojtěchSidorin Image modified by PlanetUser.
https://upload.wikimedia.org/wikipedia/commons/8/86/The_Four_Largest_Asteroids.jpg Ceres and Vesta images: NASA/JPL- Caltech/UCLA/MPS/DLR/ IDA Pallas and images: ESO Images compiled by PlanetUser and by kwamikagami
https://upload.wikimedia.org/wikipedia/commons/thumb/f/ff/Nereid_-_Simulated_View.jpgPlanetUser
https://upload.wikimedia.org/wikipedia/commons/thumb/4/47/Moons_of_Saturn_-_Infographic_(15628203777).jpg/Kevin Gill from Nashua, NH, United States
https://upload.wikimedia.org/wikipedia/commons/thumb/8/82/Enceladus_Cross-section.jpg/https://www.flickr.com/photos/50785054@N03/36403387400/Author NASA-GSFC/SVS,NASA/JPL-Caltech/Southwest Research Institute
https://upload.wikimedia.org/wikipedia/commons/thumb/4/41/Enceladus_(14432622899).jpg/Kevin M.Gill Flickr set Hourly Cosmos
https://upload.wikimedia.org/wikipedia/commons/thumb/4/4d/PIA21913-DwarfPlanetCeres-OccatorCrater-SimulatedPerspective-20171212.jpg/NASA/JPL-Caltech/UCLA/MPS/DLR/IDA Ander weergawes Oblique view of crater
https://upload.wikimedia.org/wikipedia/commons/6/6d/Oberon_in_true_color_by_Kevin_M._Gill.jpghttps://www.flickr.com/photos/kevinmgill/50906003243/Author Kevin M.Gill
https://upload.wikimedia.org/wikipedia/commons/thumb/a/ac/Namibie_Hoba_Meteorite_02.JPG/GIRAUD Patrick en.wikipedia
https://upload.wikimedia.org/wikipedia/commons/thumb/a/a4/Burns_cliff.jpg/NASA/JPL/Cornell modified from original by Tablizer at en.wikipedia
https://upload.wikimedia.org/wikipedia/commons/thumb/c/c4/PIA19048_realistic_color_Europa_mosaic_(original).jpg/NASA /Jet PropulsionmLab-Caltech /SETI Institute
https://upload.wikimedia.org/wikipedia/commons/0/0f/Titansurface-2-hi-1-.jpghttp://www.nasa.gov/
https://upload.wikimedia.org/wikipedia/commons/thumb/e/e7/Plutonian_system.jpg/NASA,ESA and G.Bacon (STScI)
https://commons.m.wikimedia.org/wiki/File:Orcus_Earth_%26_Moon_size_comparison.png Wyattmars

www.ingramcontent.com/pod-product-compliance
Lightning Source LLC
Chambersburg PA
CBHW072053230526
45479CB00010B/941